Alfred Aigner

Technisches Zeichnen

Kopiervorlagen für die Sekundarstufe I

Alfred Aigner – gelernter Schreinermeister, Ausbildung zum Lehrer im musisch-technischeBereich, arbeitet seit 1987 am Sonderpädagogischen Förderzentrum in Bad Aibling und in der Lehrerfortbildung.

Wir verwenden in unseren Werken eine genderneutrale Sprache, damit sich alle gleichermaßen angesprochen fühlen. Wenn keine neutrale Formulierung möglich ist, nennen wir die weibliche und die männliche Form. In Fällen, in denen wir aufgrund einer besseren Lesbarkeit nur ein Geschlecht nennen können, achten wir darauf, den unterschiedlichen Geschlechtsidentitäten gleichermaßen gerecht zu werden.

9 Auflage 2024

AAP Lehrerwelt GmbH
Veritaskai 3
21079 Hamburg
Telefon: +49 (0) 40325083-040
E-Mail: info@lehrerwelt.de
Geschäftsführung: Andrea Fischer, Sandra Saghbazarian
USt-ID: DE 173 77 61 42
Register: AG Hamburg HRB/126335

Autorschaft: Alfred Aigner
Covergestaltung: TSA&B Werbeagentur GmbH, Hamburg
Satz: MouseDesign Medien AG, Zeven
Druck und Bindung: SDK Systemdruck Köln GmbH & Co. KG, Köln

ISBN/Bestellnummer: 978-3-8344-3653-5
www.persen.de

Inhaltsverzeichnis

Vorwort

Im Gegensatz zu einer künstlerischen Zeichnung steckt in einer technischen Zeichnung die Lösung einer konstruktiven Aufgabe. Das Werkstück, die Maschine oder das Bauwerk wird vor der tatsächlichen Realisierung von einem Handwerker, Ingenieur oder Architekten genau geplant. Das Vorhaben wird hinsichtlich des zu verwendenden Materials, seiner Form und seiner Funktion gedanklich durchdrungen und mit Stift, Zeichenplatte, Schiene, Zirkel, Dreiecken und Schablonen auf das Papier gebracht – jetzt entsteht das, was der Fachmann eine technische Zeichnung nennt.

Weil der, der ein Werkstück, ein Haus oder sonst einen technischen Gegenstand plant und zeichnet, nicht immer auch sein Erbauer ist, fungiert die technische Zeichnung als Sprache zwischen verschiedenen Personen. Zum Beispiel baut der Maurer das Haus nach dem Bauplan des Architekten. Die Verständlichkeit wird über die Normierung hergestellt.

Der Weg vom ersten gerade gezogenen Strich bis hin zu einem brauchbaren Aufriss ist lang und mitunter auch recht mühsam. Die Mappe für Anfänger zeigt Möglichkeiten auf, wie das Erlernen des manchmal trockenen und theoretischen Faches „Technisches Zeichnen" den Jugendlichen Freude macht.

Zum Bearbeiten der Kopiervorlagen benötigen die Schülerinnen und Schüler eine DIN-A4-Zeichenplatte mit Schiene, ein Geodreieck, ein Zeichendreieck mit den Winkeln 30° und 60°, einen Zirkel und drei Minenstifte mit unterschiedlichen Strichbreiten sowie eventuell Stifte zum abschließenden Kolorieren der Zeichnungen.

Anstatt unzählige abstrakte und gegenstandslose Zeichnungen anzufertigen, entstehen hier in der Regel Blätter, die Gegenständliches zeigen und formschön sind. Filigrane Linienübungen heben die Ästhetik einer technischen Zeichnung heraus, während das Bearbeiten der Raumbilder ein dreidimensionales Sehen eröffnet und so das räumliche Vorstellungsvermögen schult. Es motiviert die Schülerinnen und Schüler, Zeichnungen, deren Anfang vorgegeben ist, weiterzuzeichnen. Durch viele Projektionspunkte lernen sie spielerisch die rationelle Handhabung der Zeichengeräte und die verschiedenen Linienarten und deren Symbolik kennen. Der Erfolg ist sozusagen vorprogrammiert.

Jedes Blatt besteht aus einem konstruktiven und einem gestalterischen Teil. Das strukturiert den Unterricht und bietet viele Möglichkeiten zur Individualisierung und Differenzierung. Die einzelnen Übungen sind so aufgebaut, dass sie ein weitgehend selbstständiges Arbeiten ermöglichen. Das fängt mit dem Einspannen der Kopiervorlage an und hört mit der Selbstkorrektur am Lösungsblatt auf.

So macht das technische Zeichnen richtig Spaß!

Alfred Aigner

Übungen im Überblick

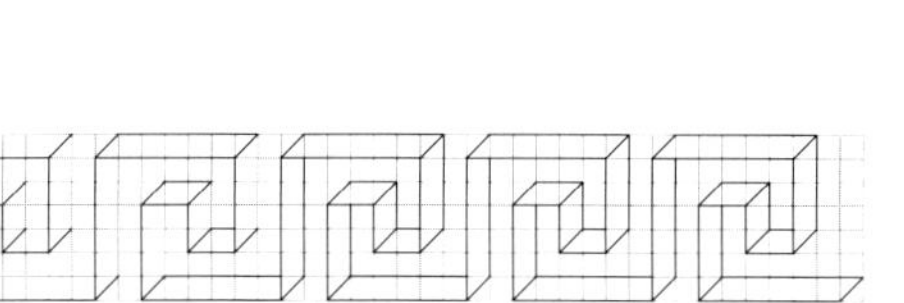

Zierband

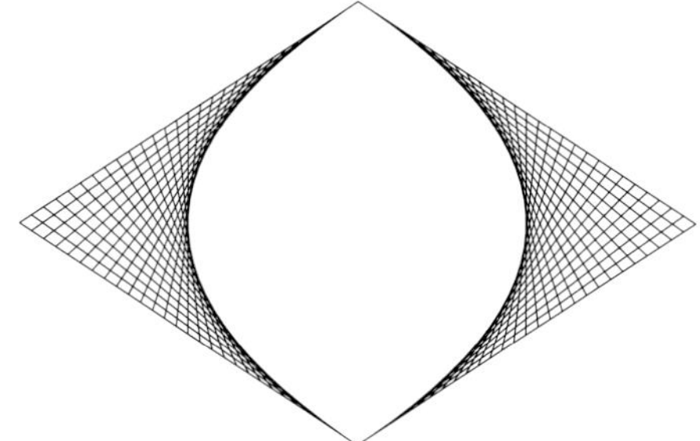

Kurven 1

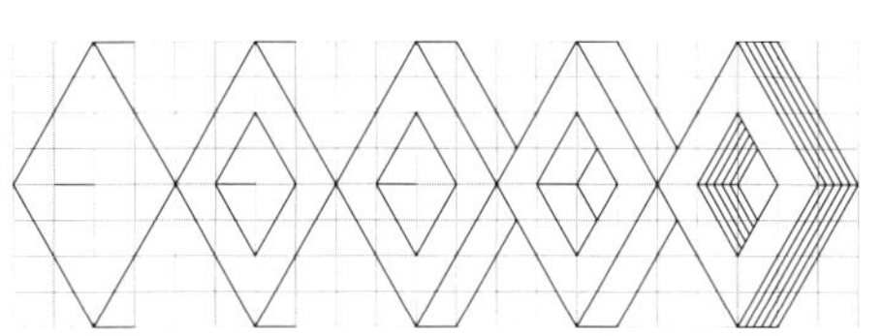

Übung mit dem 60°-Winkel

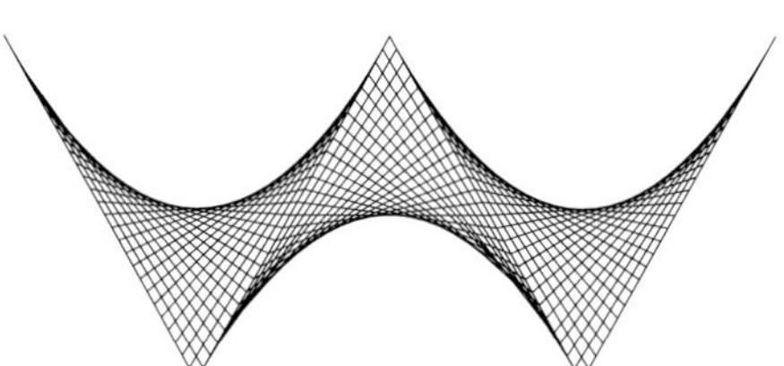

Kurven 2

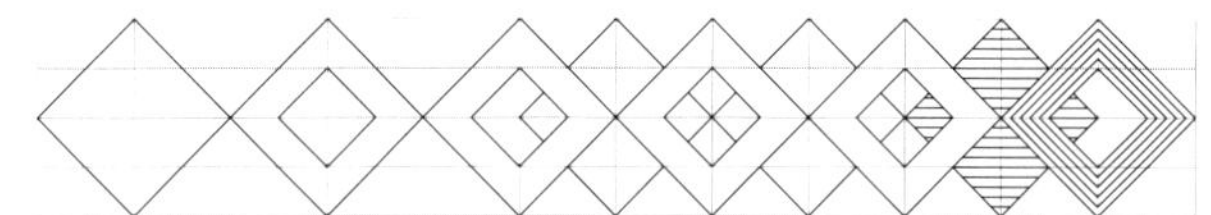

Überlappende Quadrate

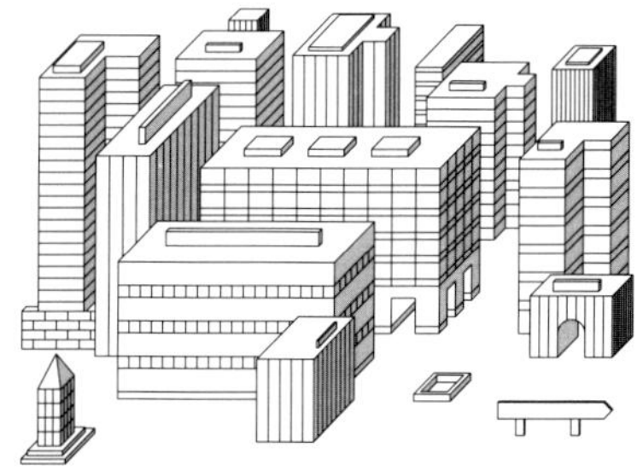

City Center 1

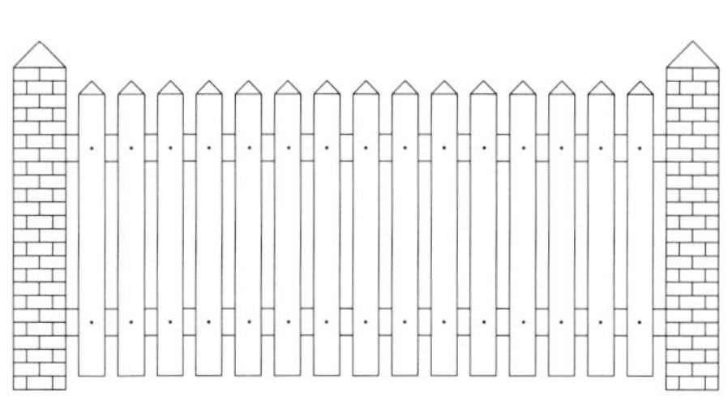

Gartenzaun 1

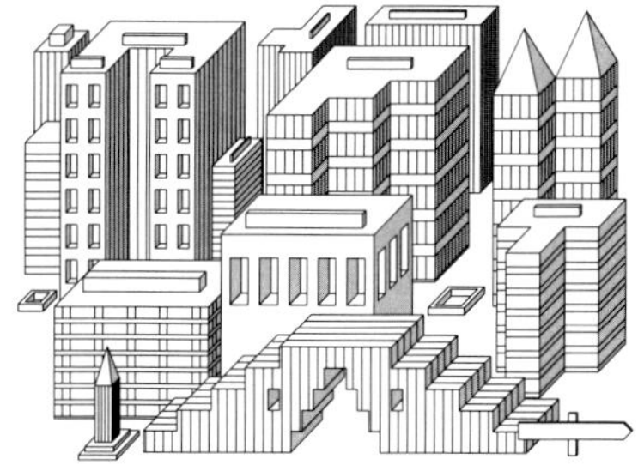

City Center 2

Gartenzaun 2

Name:	Note:
Klasse:	Linienübung 1: **Zierband**
Datum:	

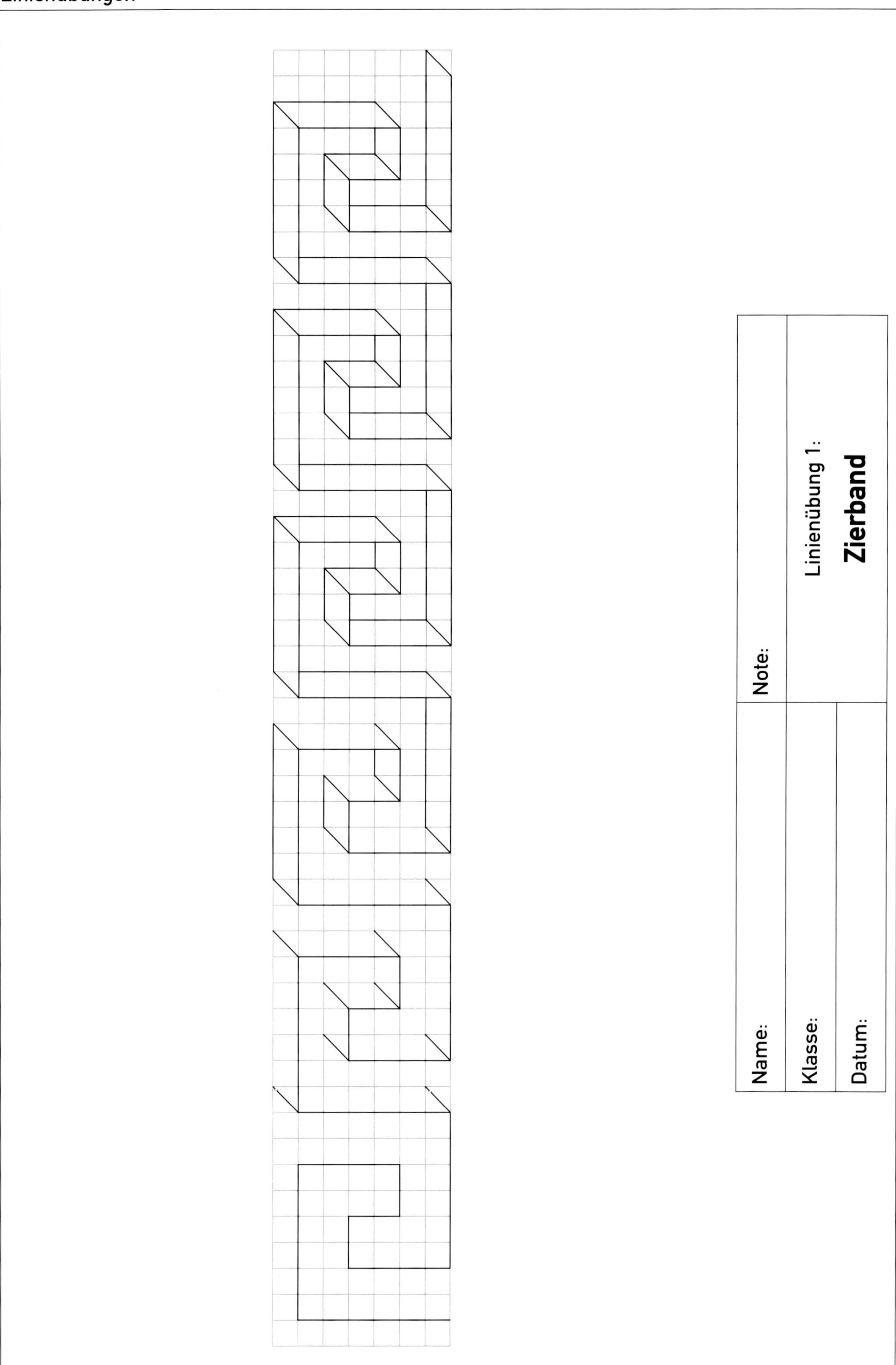
Linienübung 1:
Zierband
Note:
Name:
Klasse:
Datum:

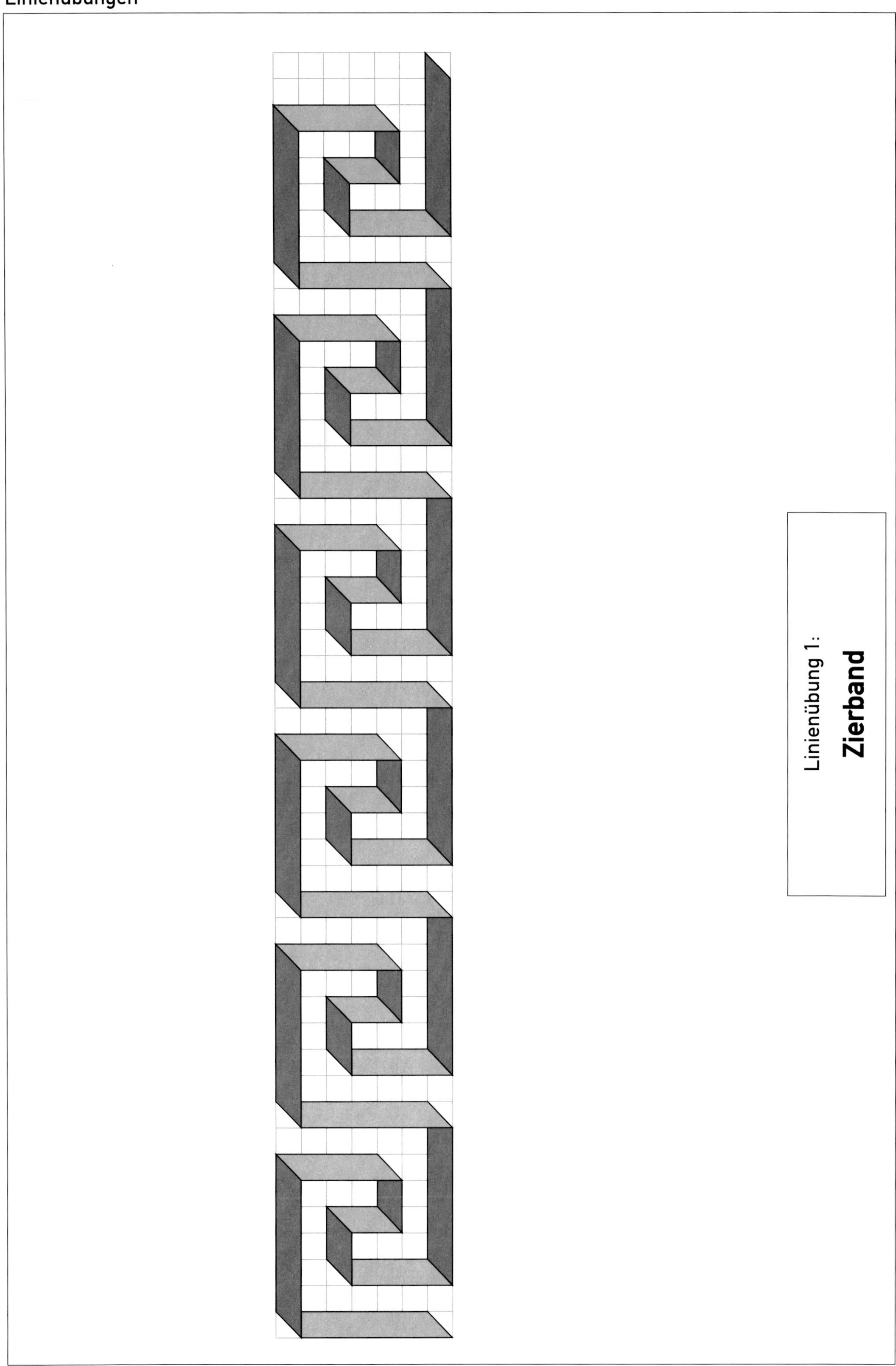
Linienübung 1:
Zierband

Name:

Klasse:

Datum:

Note:

Linienübung 2:

Übung mit dem 60°-Winkel

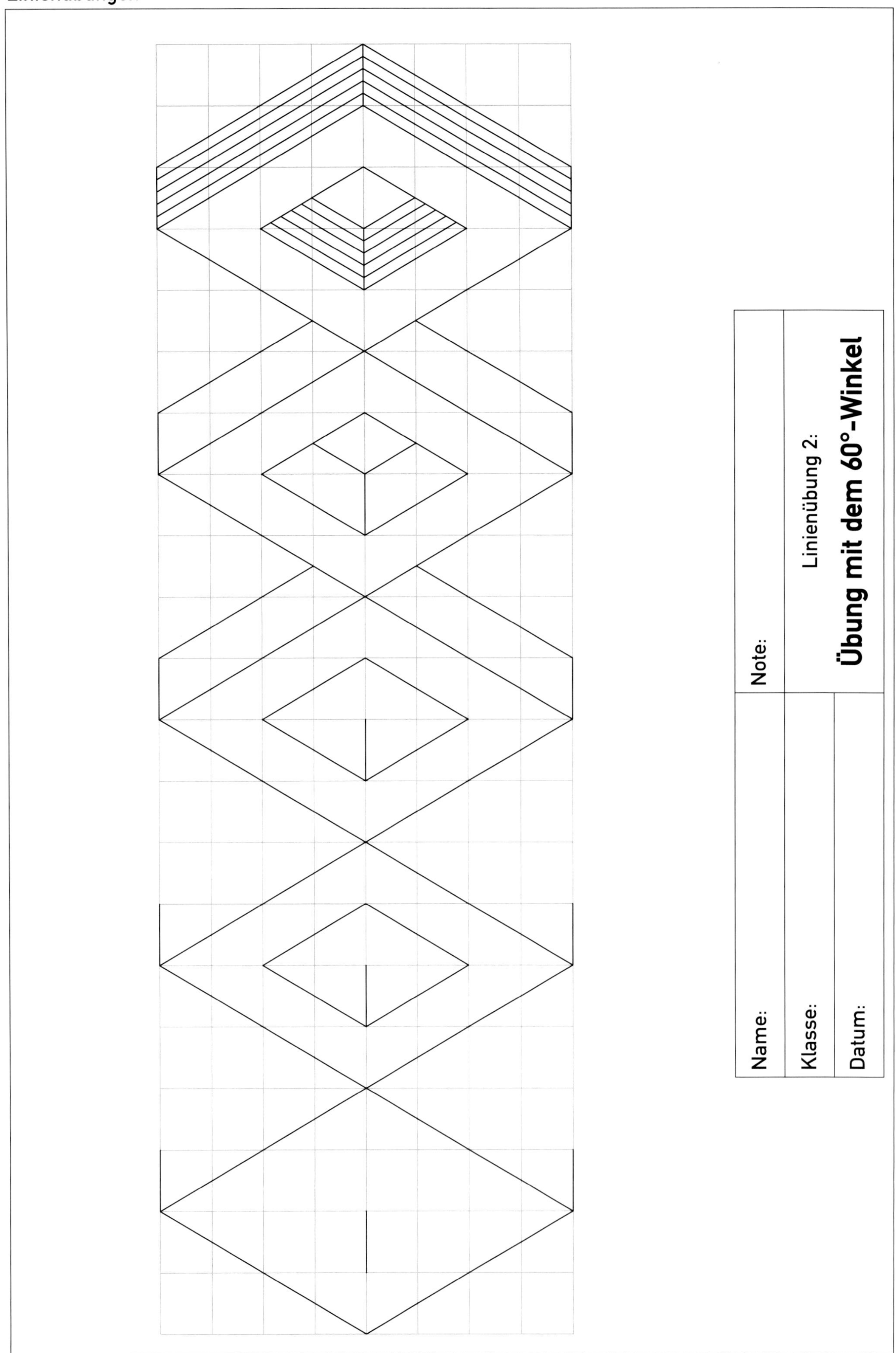
Linienübung 2:
Übung mit dem 60°-Winkel
Note:
Name:
Klasse:
Datum:

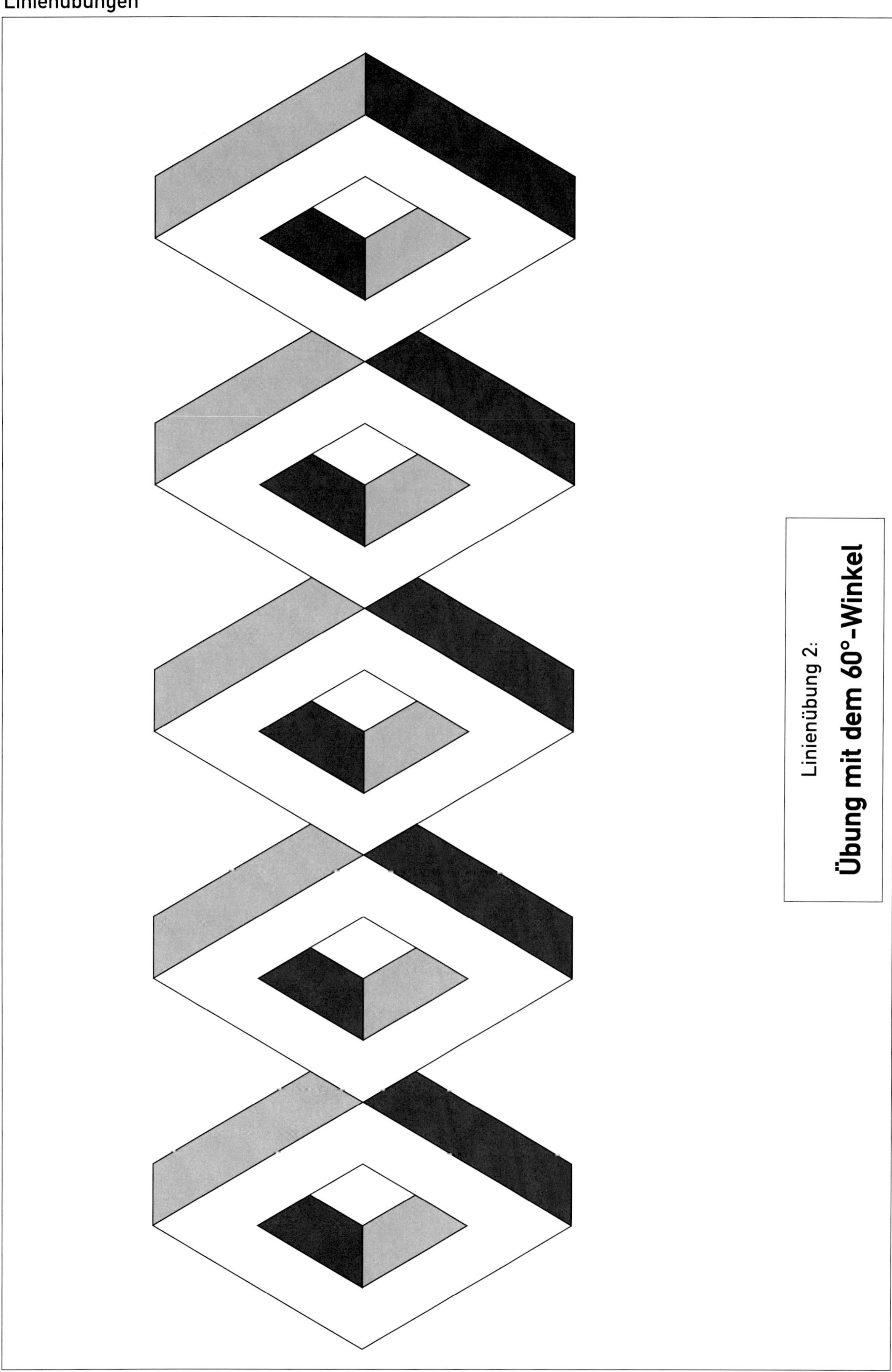
Linienübung 2:
Übung mit dem 60°-Winkel

Name:	Note:
Klasse:	Linienübung 3: **Überlappende Quadrate**
Datum:	

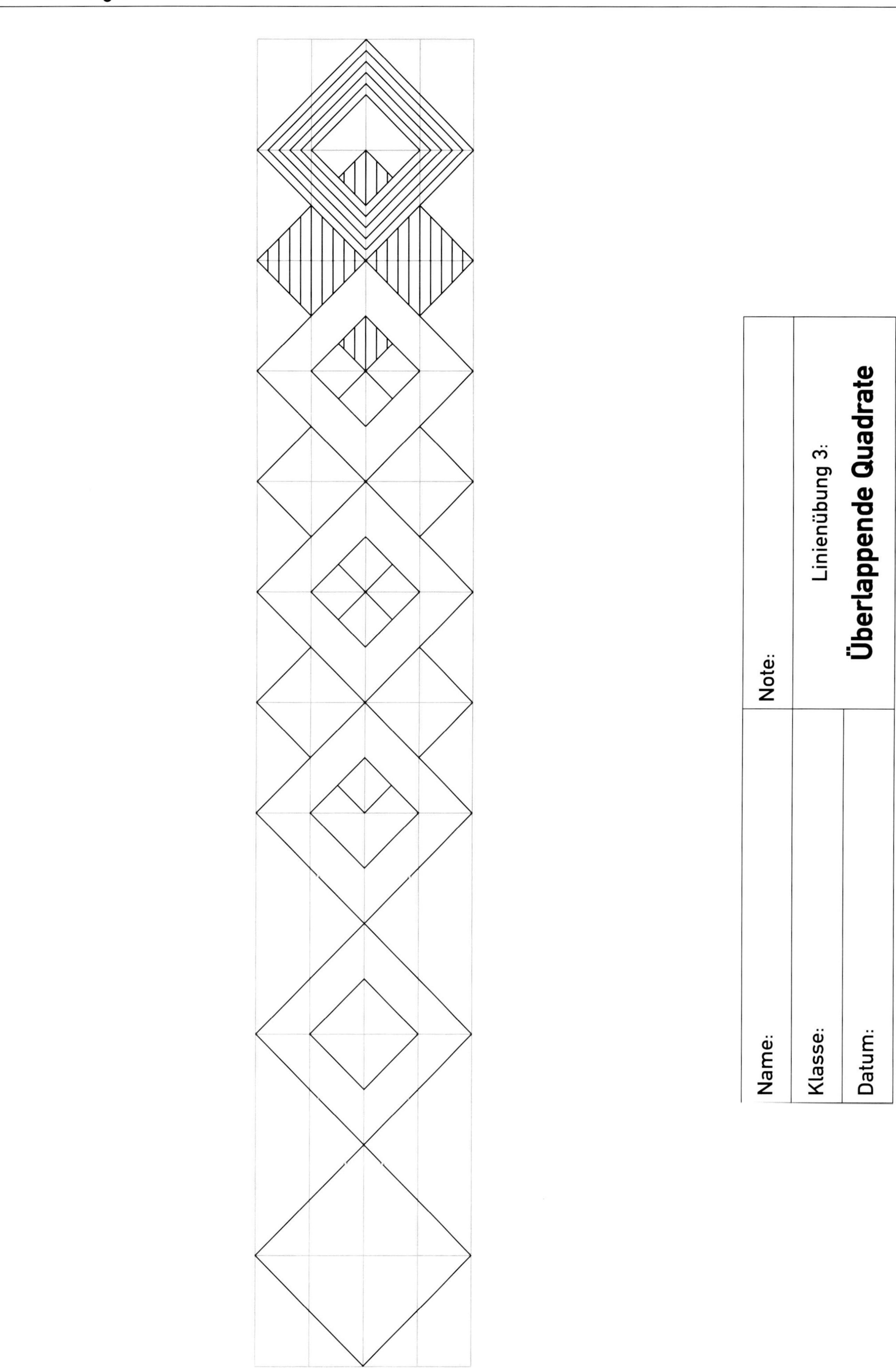
Linienübung 3:
Überlappende Quadrate
Note:
Name:
Klasse:
Datum:

Linienübung 3:

Überlappende Quadrate

Linienübung 4:

Gartenzaun 1

Note:

Name:

Klasse:

Datum:

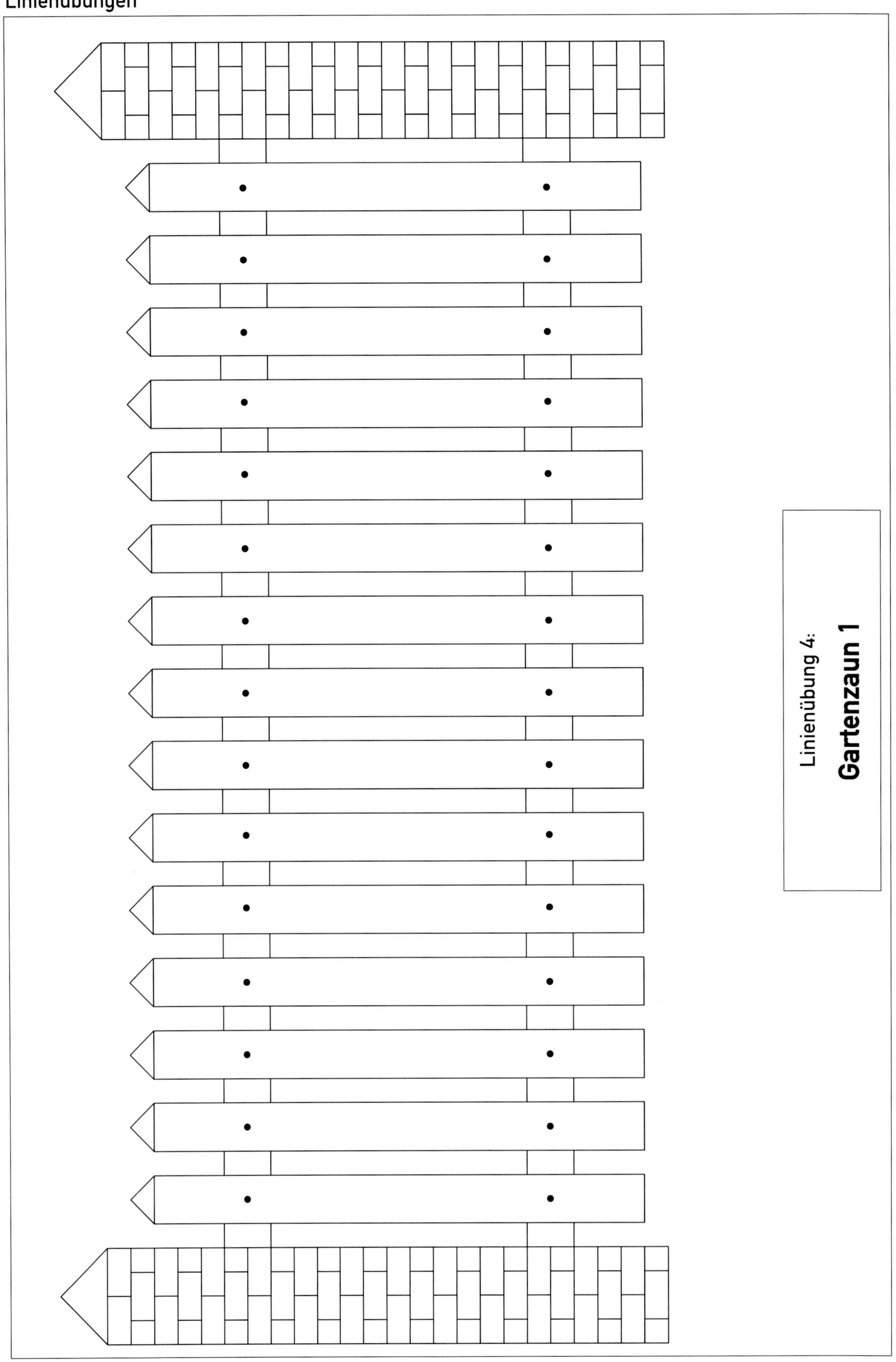
Linienübung 4:
Gartenzaun 1

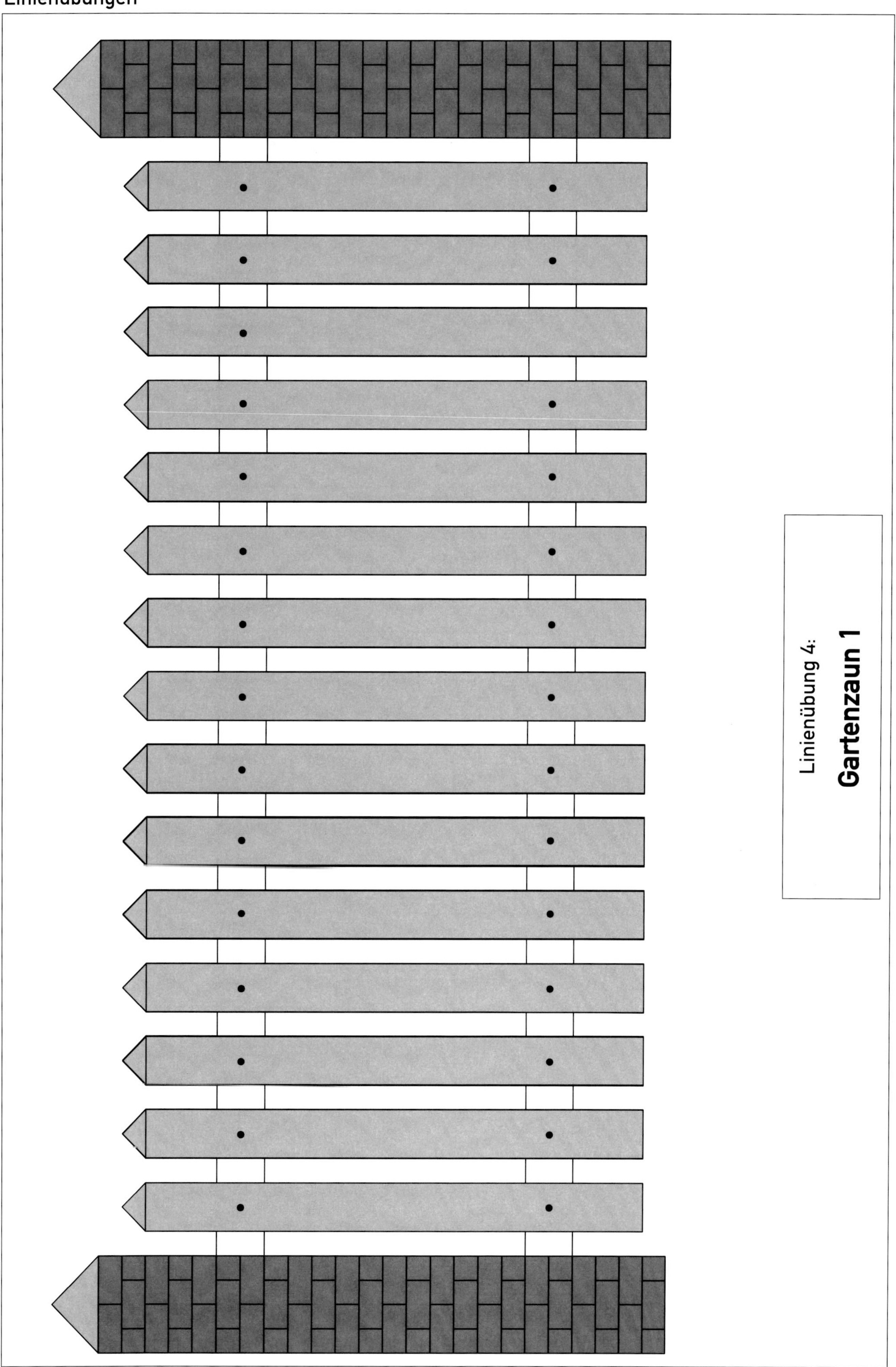
Linienübung 4:
Gartenzaun 1

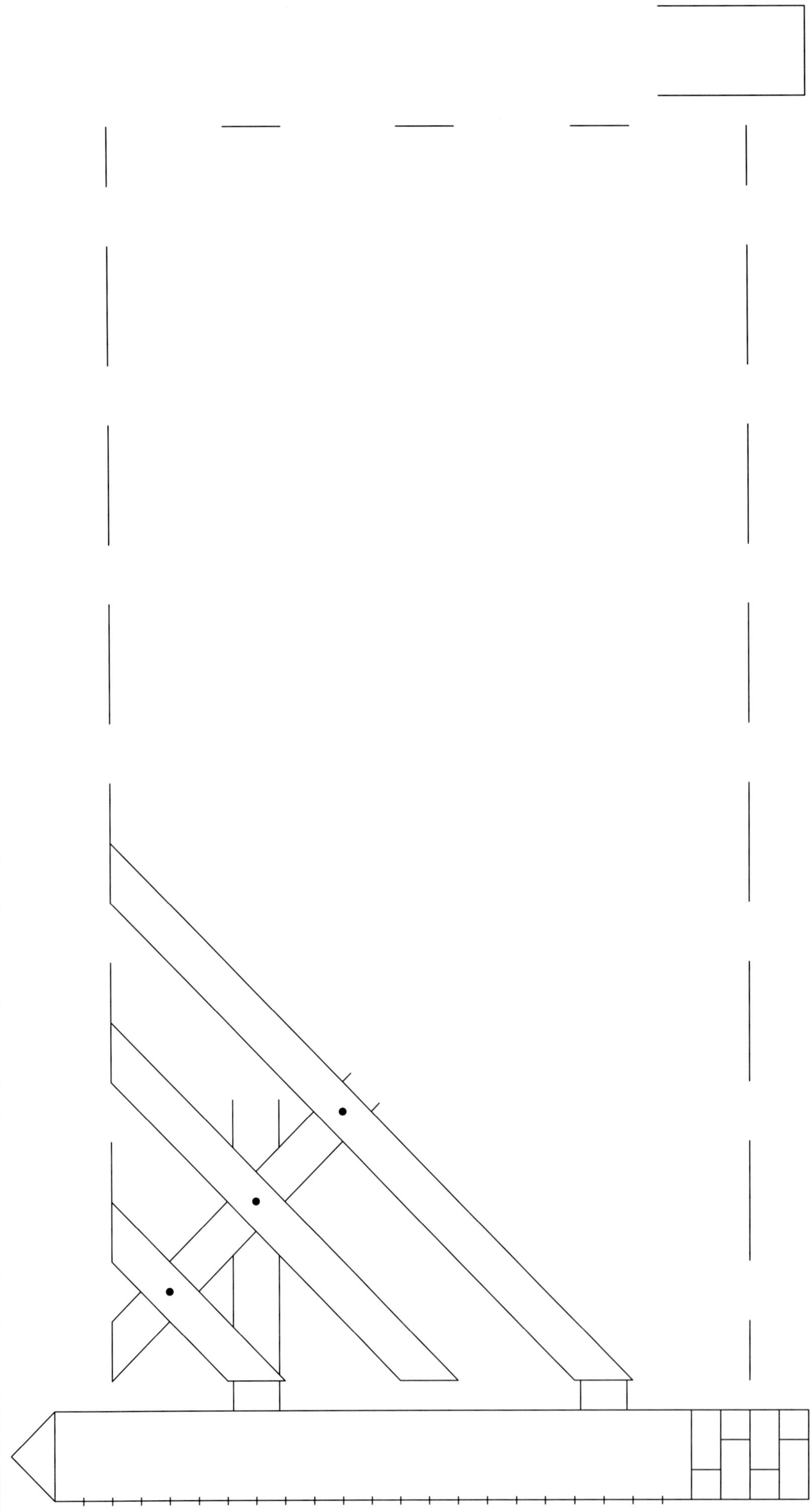

Linienübung 5:

Gartenzaun 2

Note:

Name:

Klasse:

Datum:

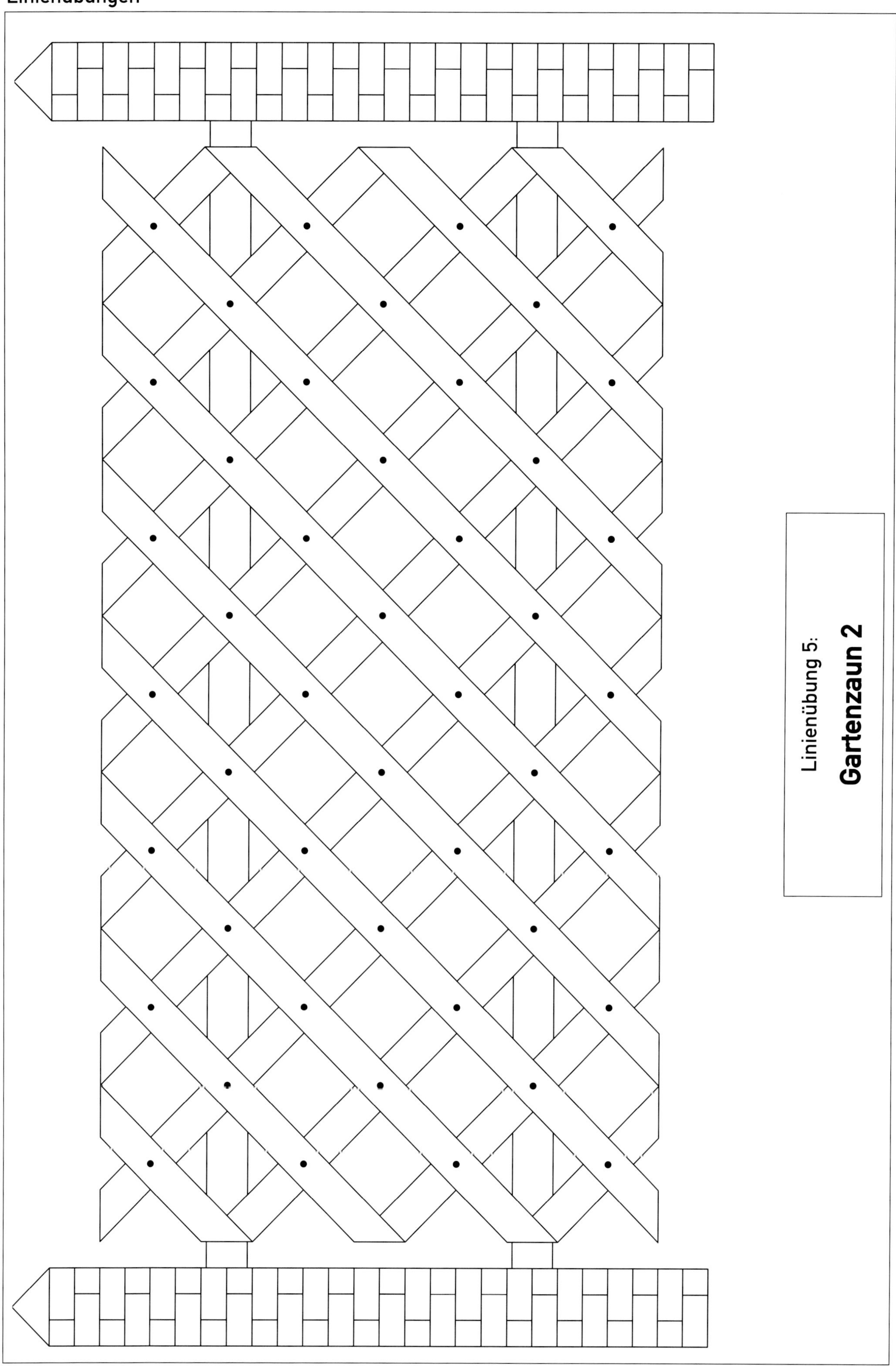
Linienübung 5:
Gartenzaun 2

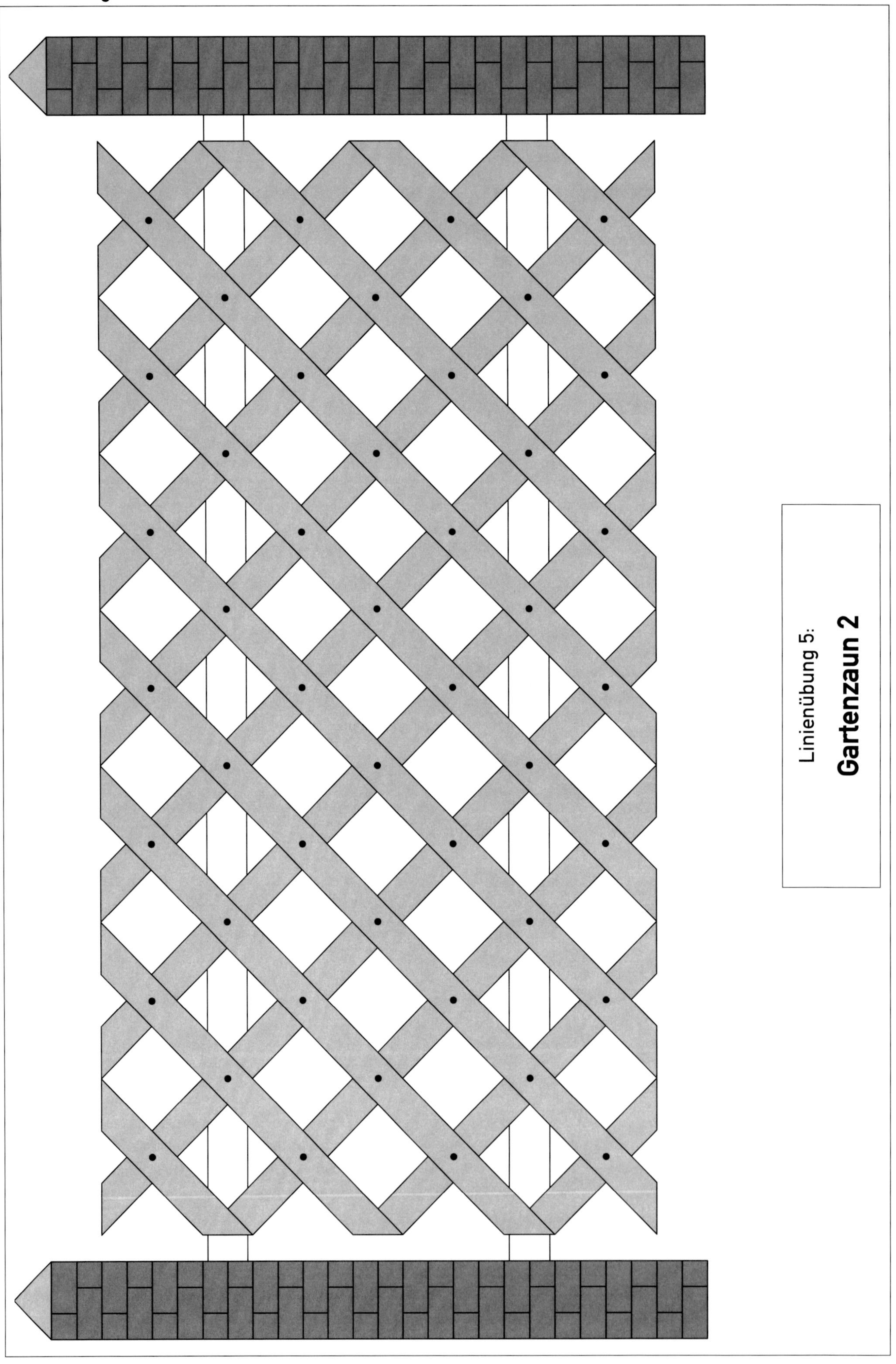
Linienübung 5:
Gartenzaun 2

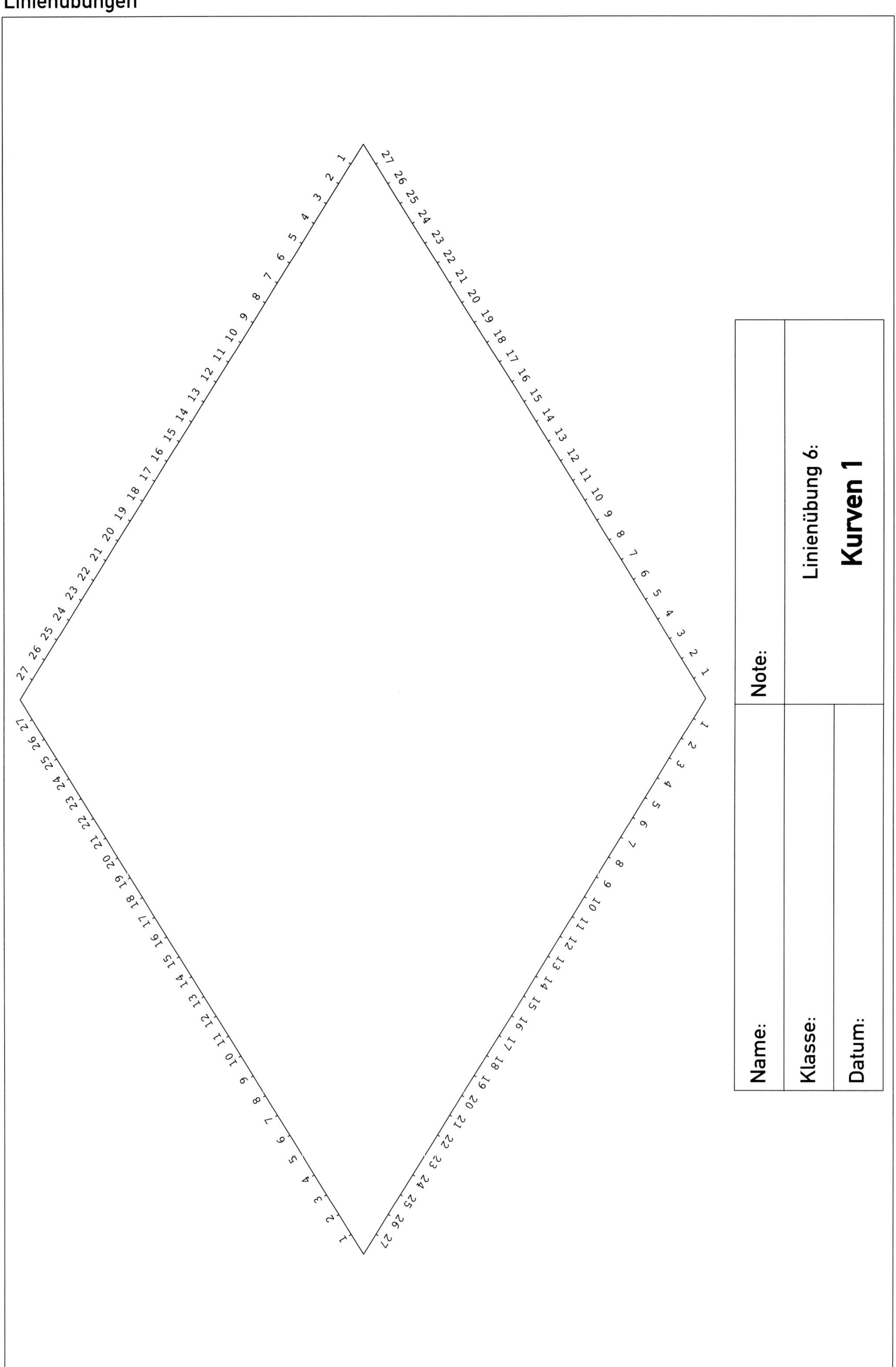
Name:
Klasse:
Datum:
Note:
Linienübung 6:
Kurven 1

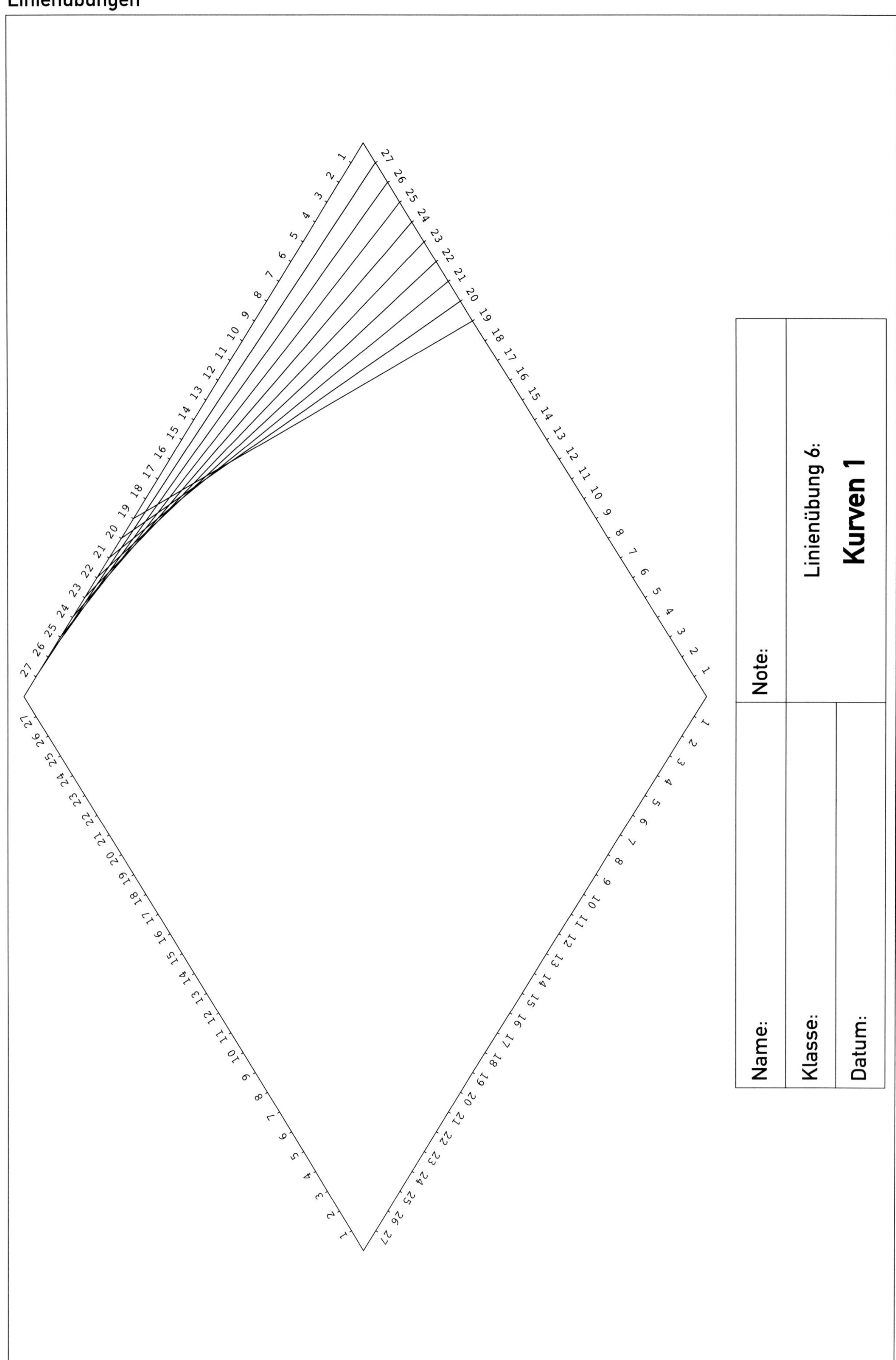
Linienübung 6:
Kurven 1
Note:
Name:
Klasse:
Datum:

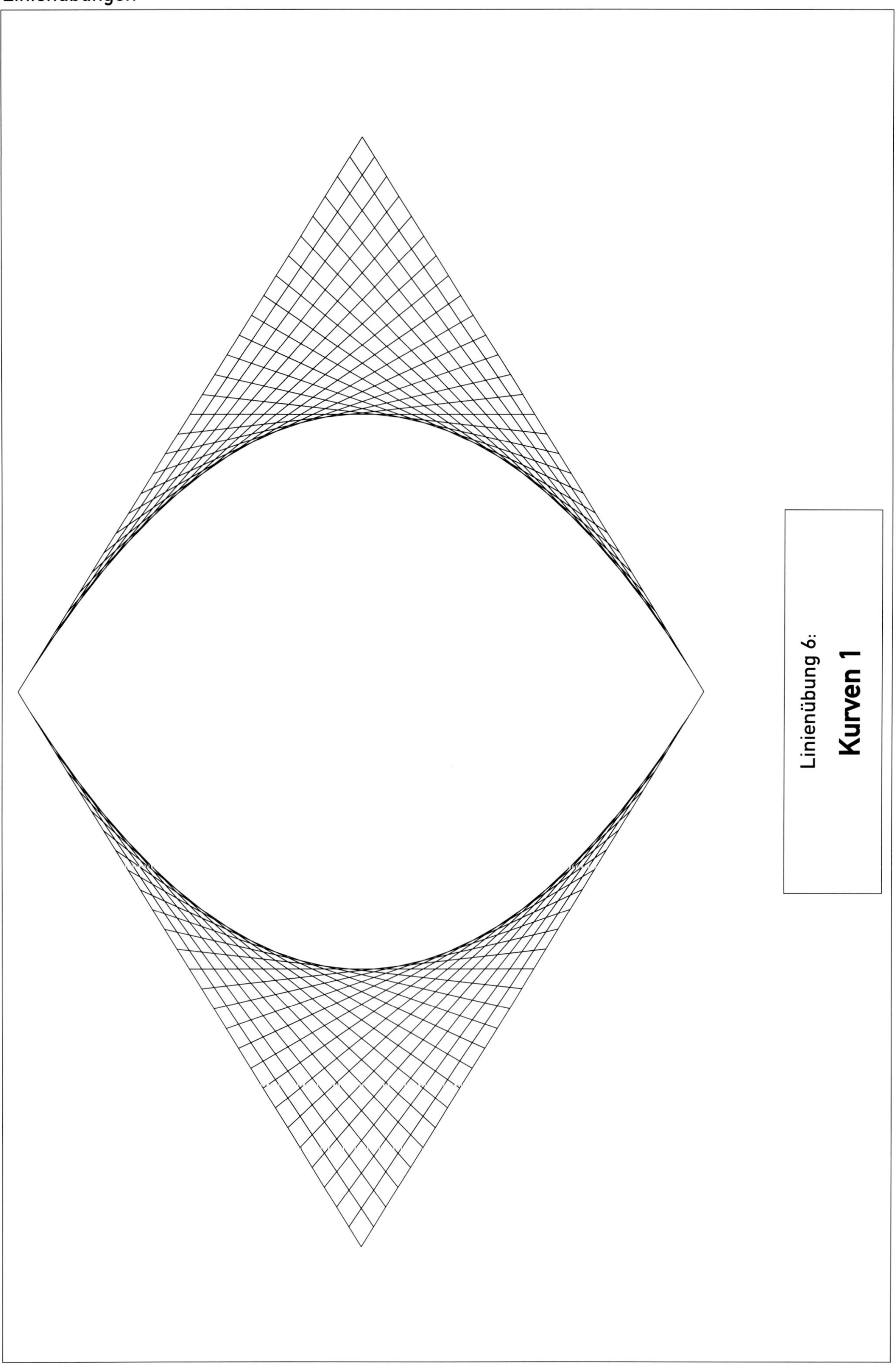
Linienübung 6:
Kurven 1

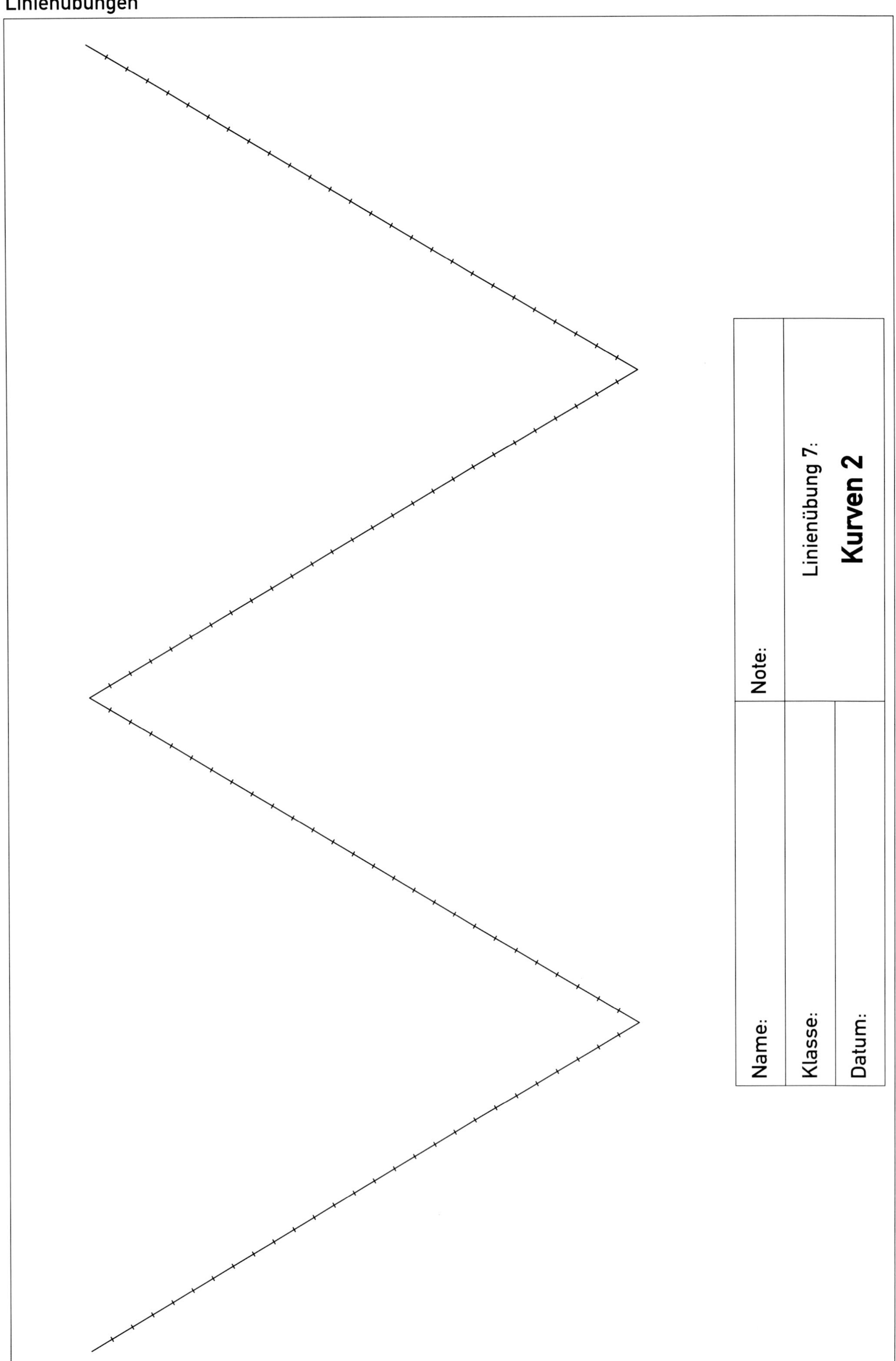
Linienübung 7:
Kurven 2
Note:
Name:
Klasse:
Datum:

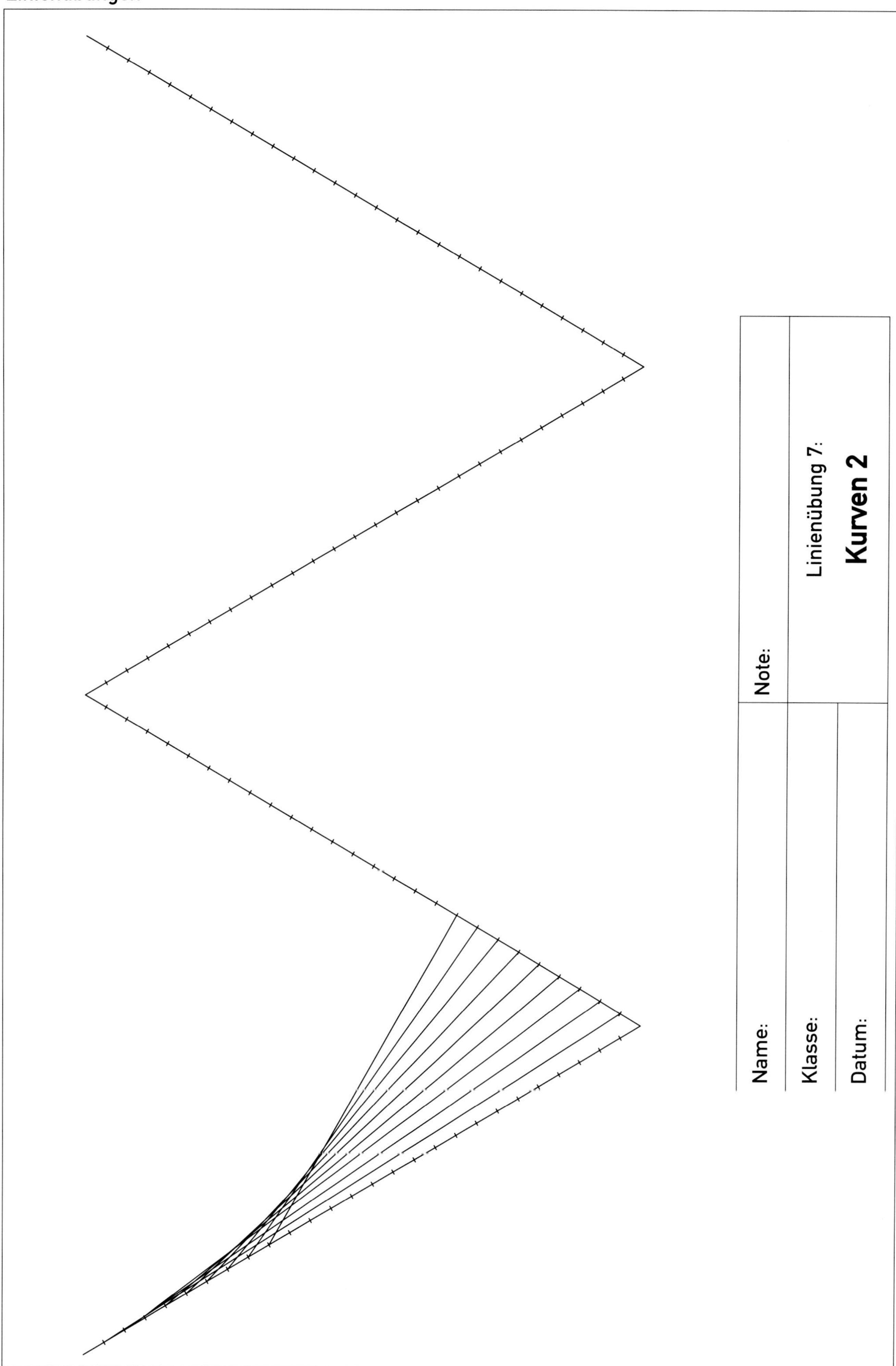
Linienübung 7:
Kurven 2
Note:
Name:
Klasse:
Datum:

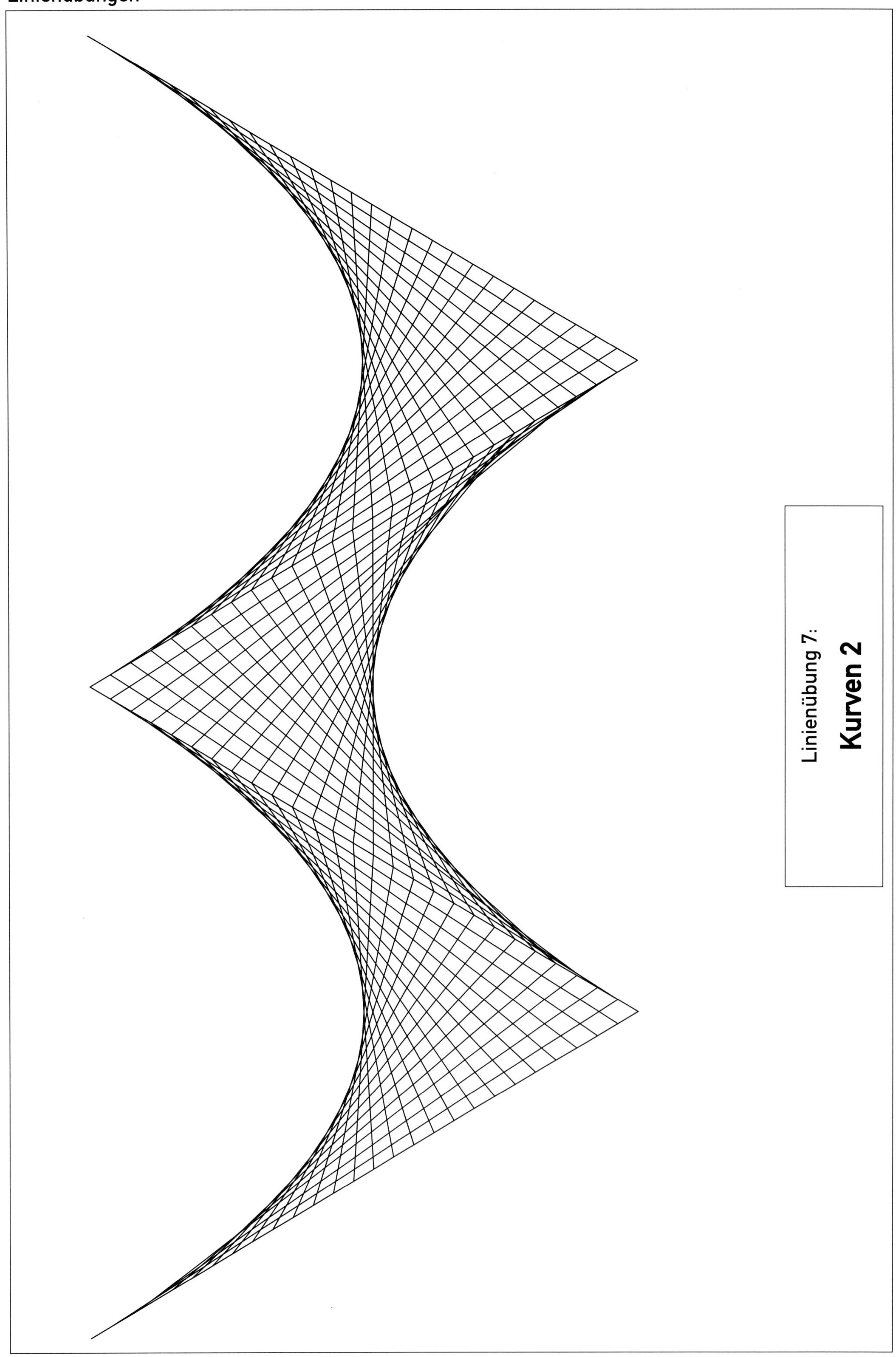
Linienübung 7:
Kurven 2

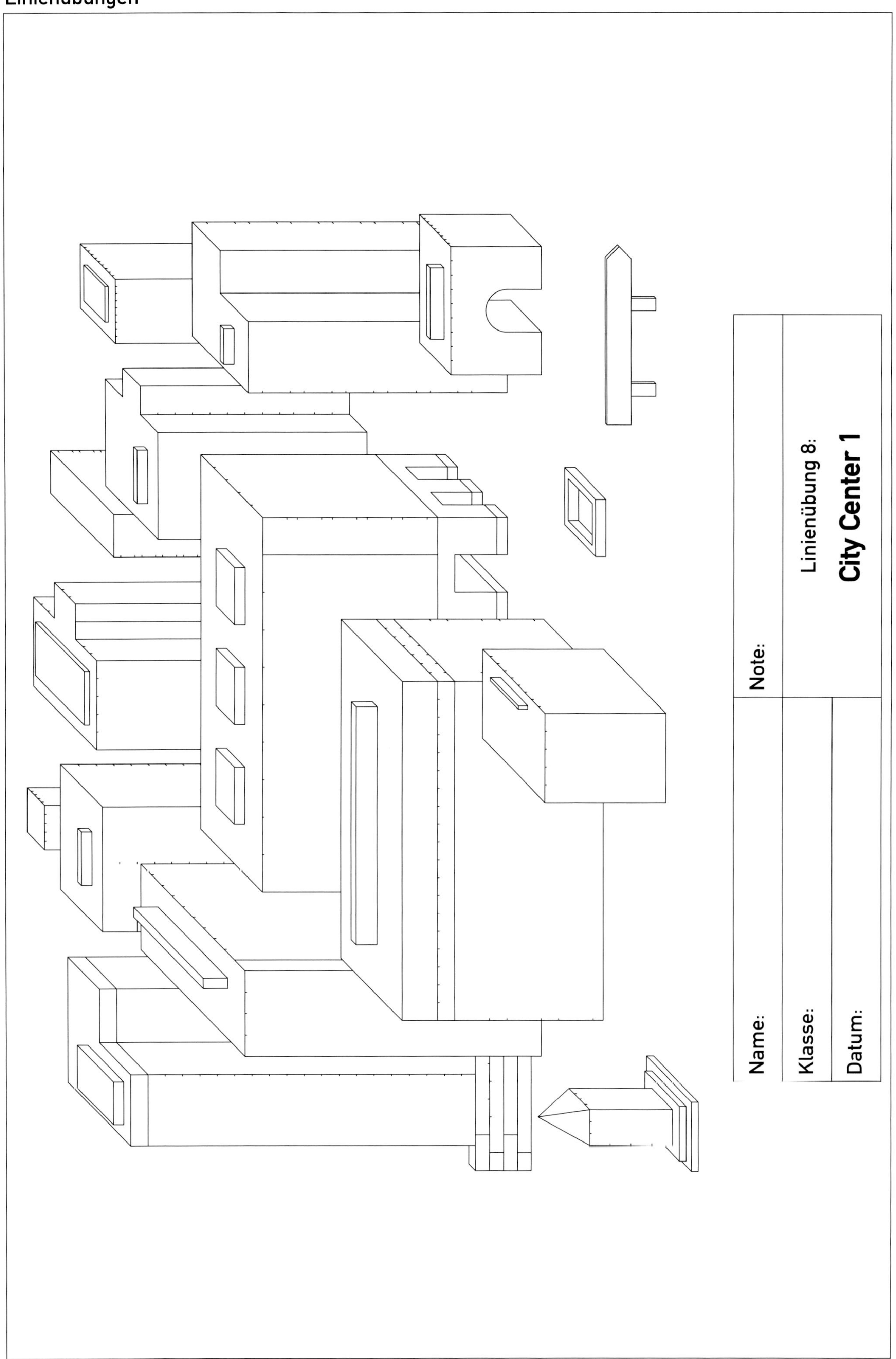
Linienübung 8:
City Center 1
Note:
Name:
Klasse:
Datum:

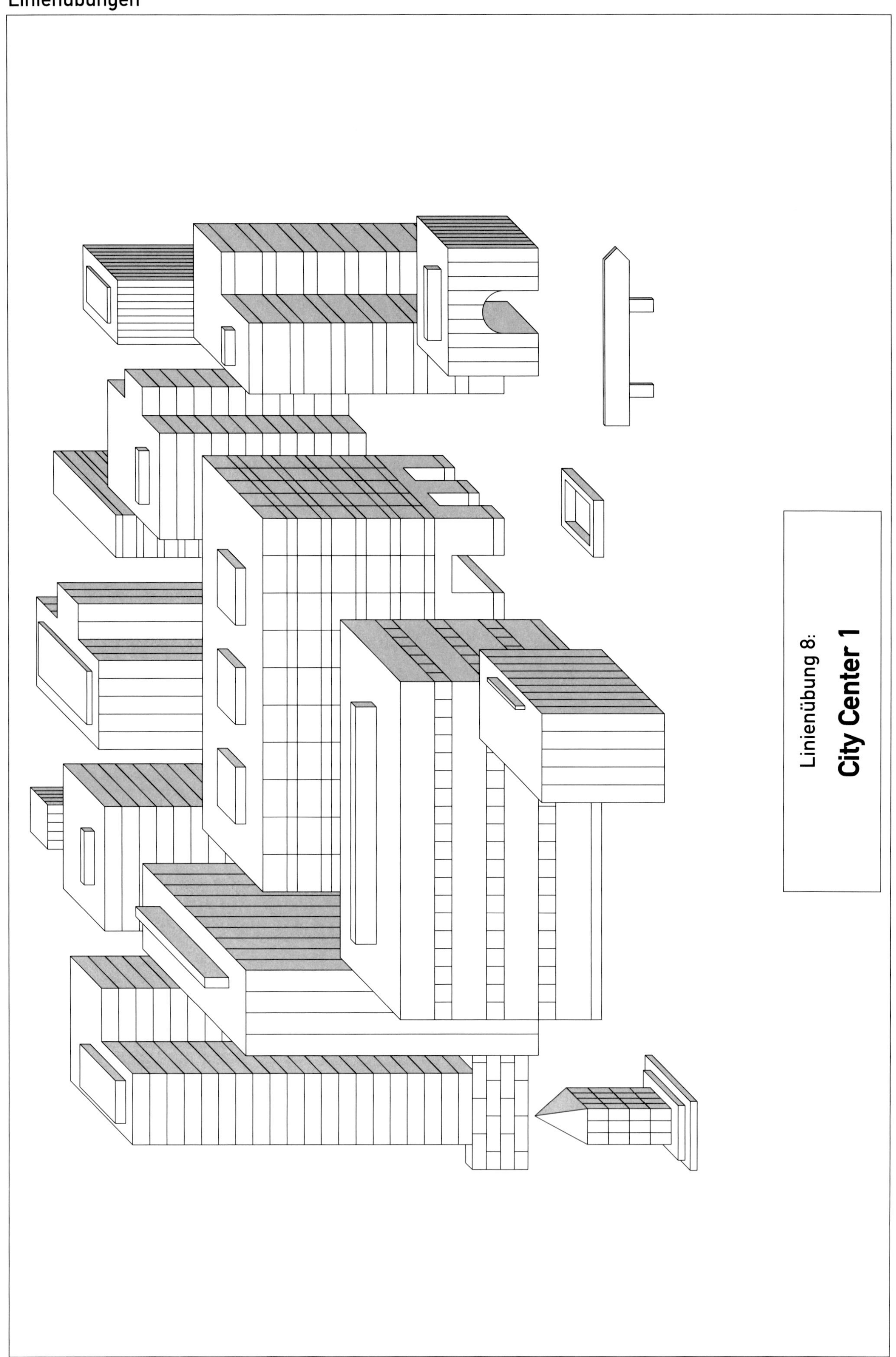
Linienübung 8:
City Center 1

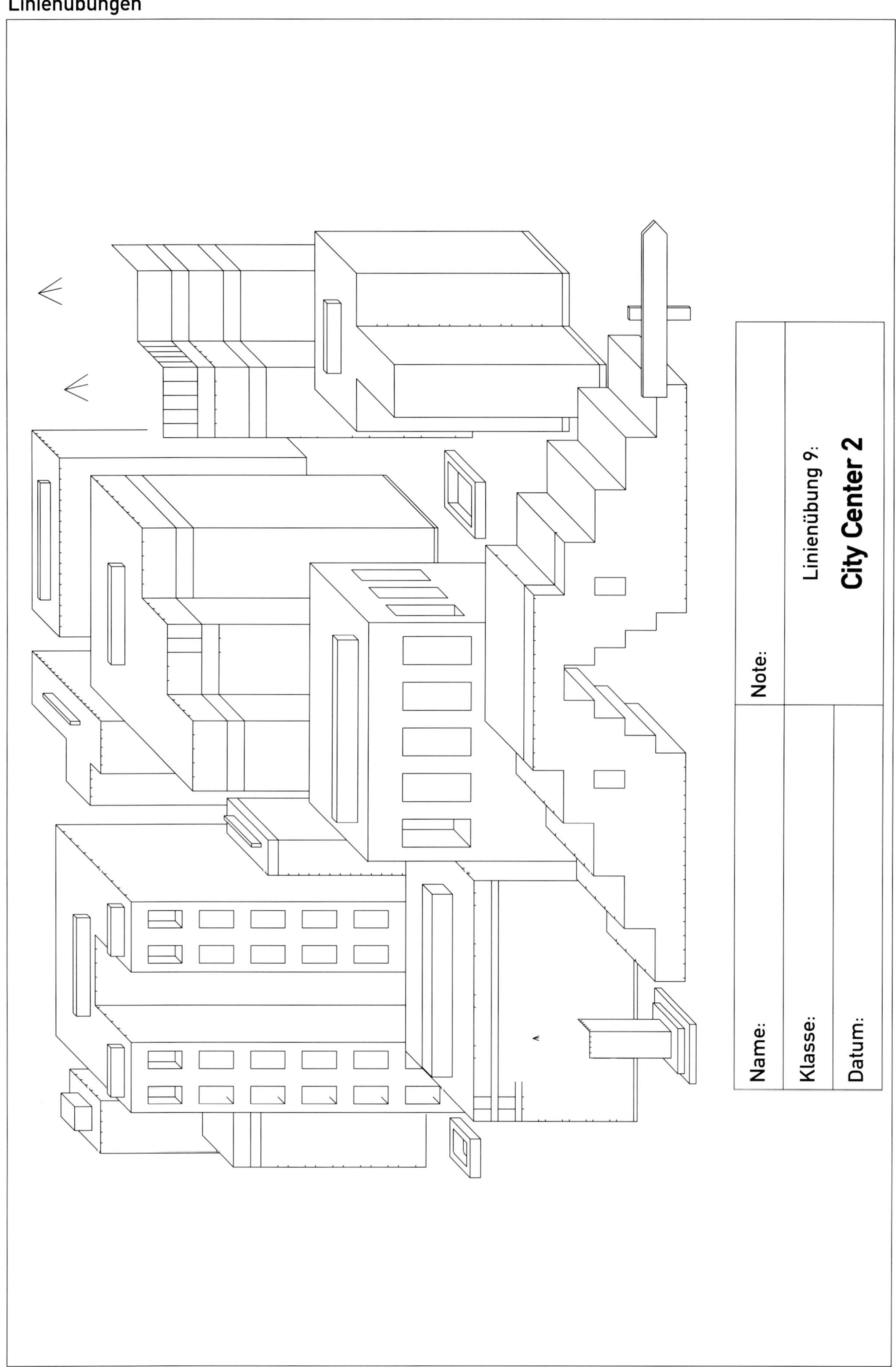
Linienübung 9:
City Center 2
Note:
Name:
Klasse:
Datum:

Linienübung 9:
City Center 2

Übungen im Überblick

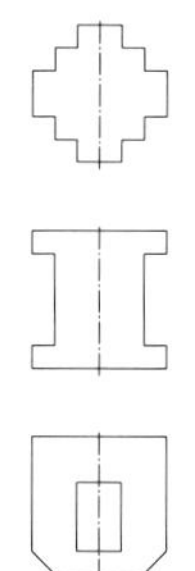

Figuren

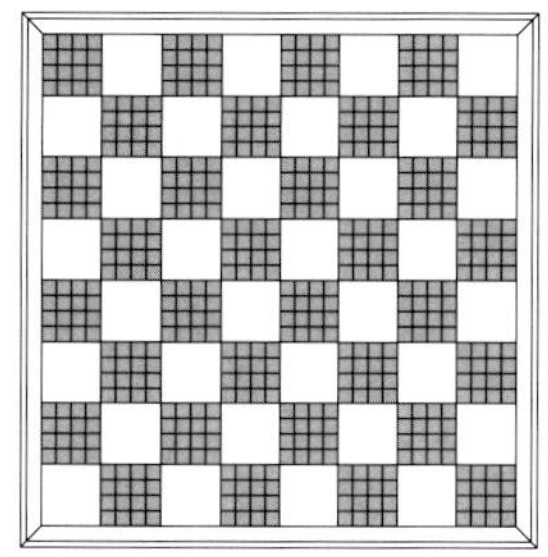

Schachbrett

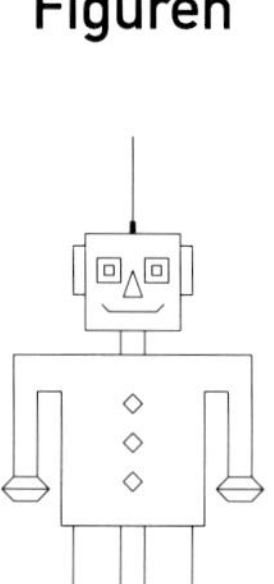

Roboter

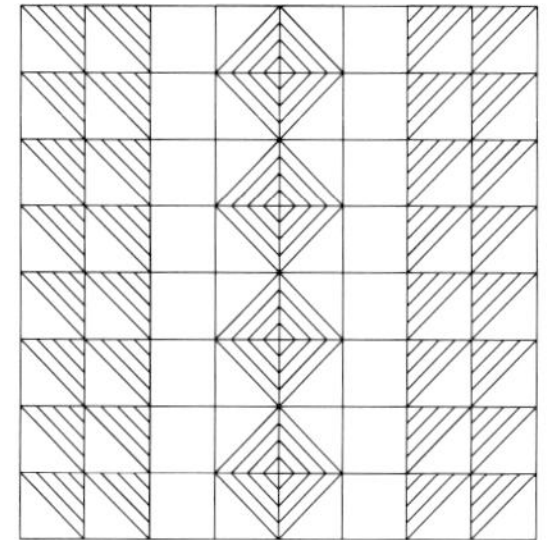

Fliesen

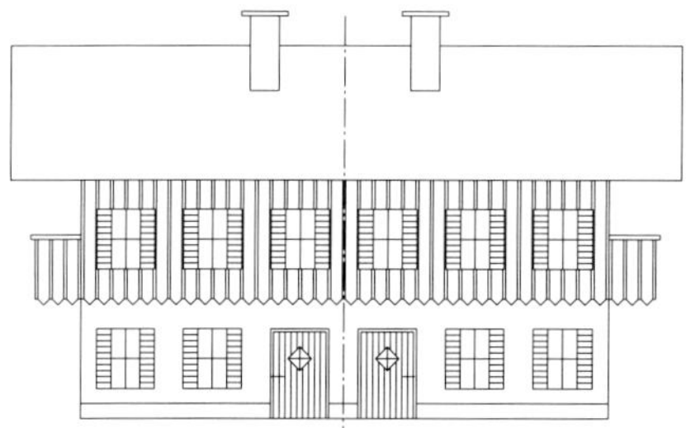

Doppelhaus 1

Tempel

Doppelhaus 2

Brandenburger Tor

Name:	Note:
Klasse:	Symmetrieübung 1: **Figuren**
Datum:	

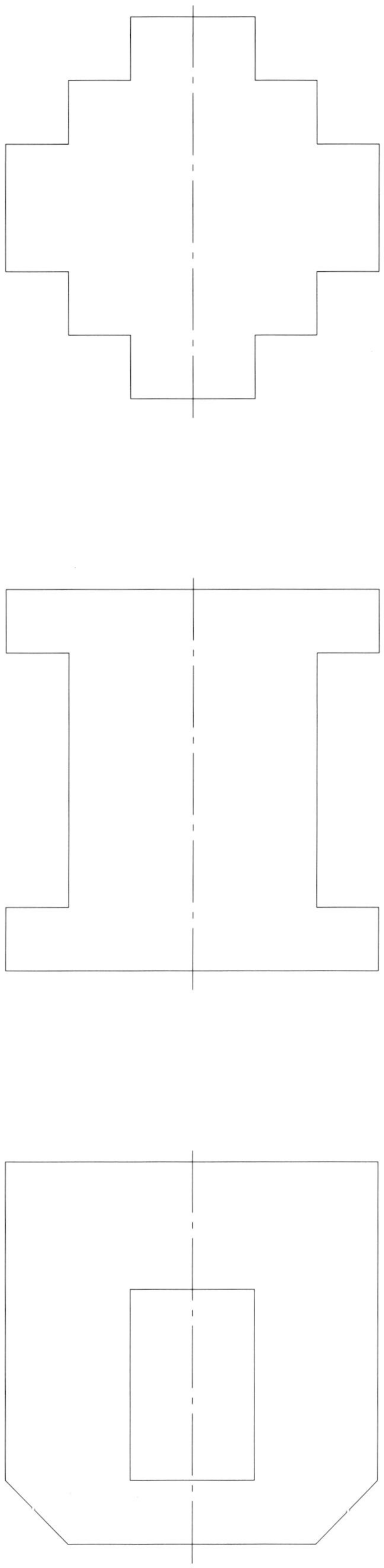

Symmetrieübung 1:

Figuren

Name:	Note:
Klasse:	Symmetrieübung 2: **Roboter**
Datum:	

Symmetrieübung 2:

Roboter

Symmetrieübung 2:

Roboter

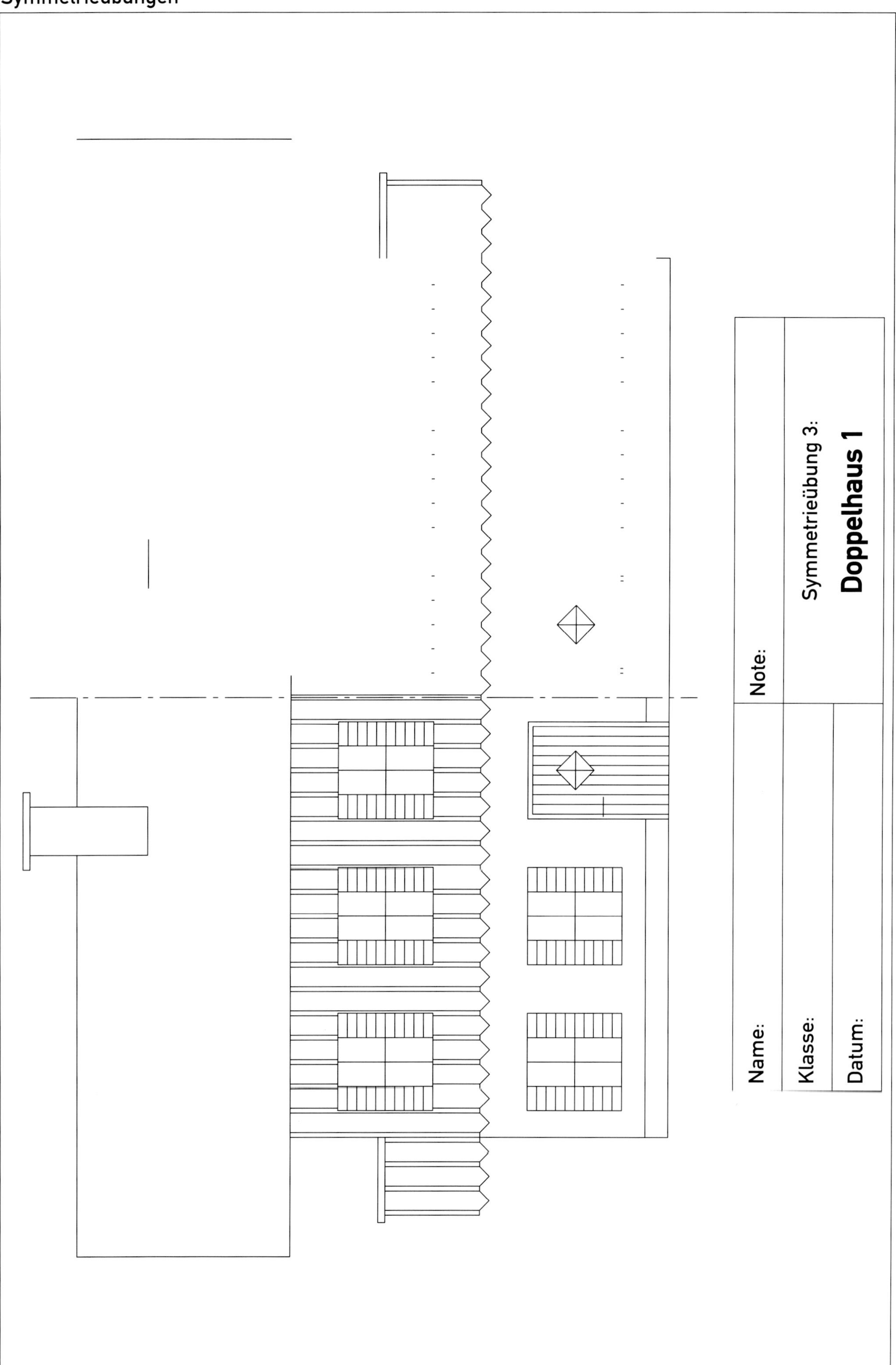
Name:
Klasse:
Datum:
Note:
Symmetrieübung 3:
Doppelhaus 1

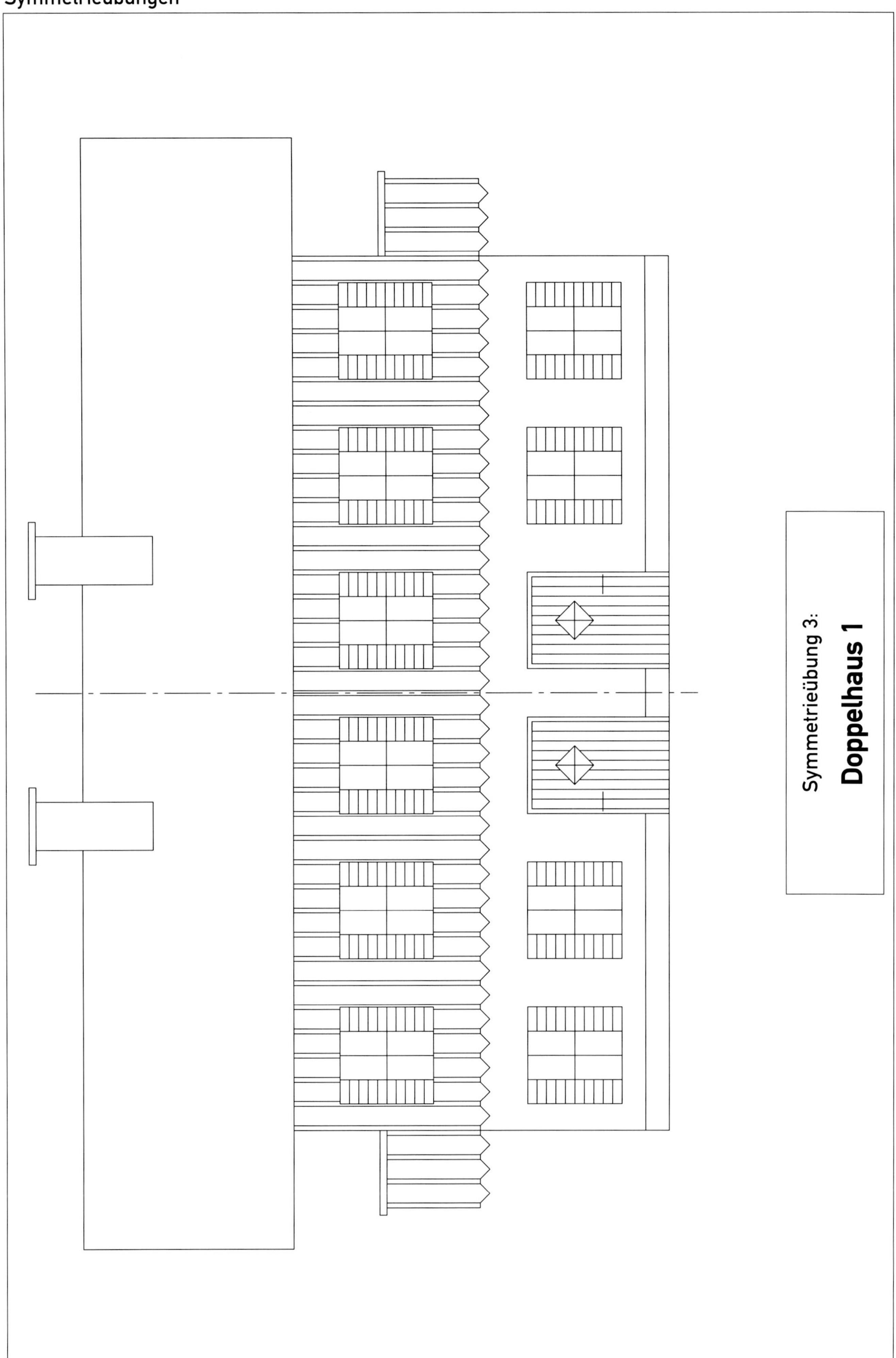
Symmetrieübung 3:
Doppelhaus 1

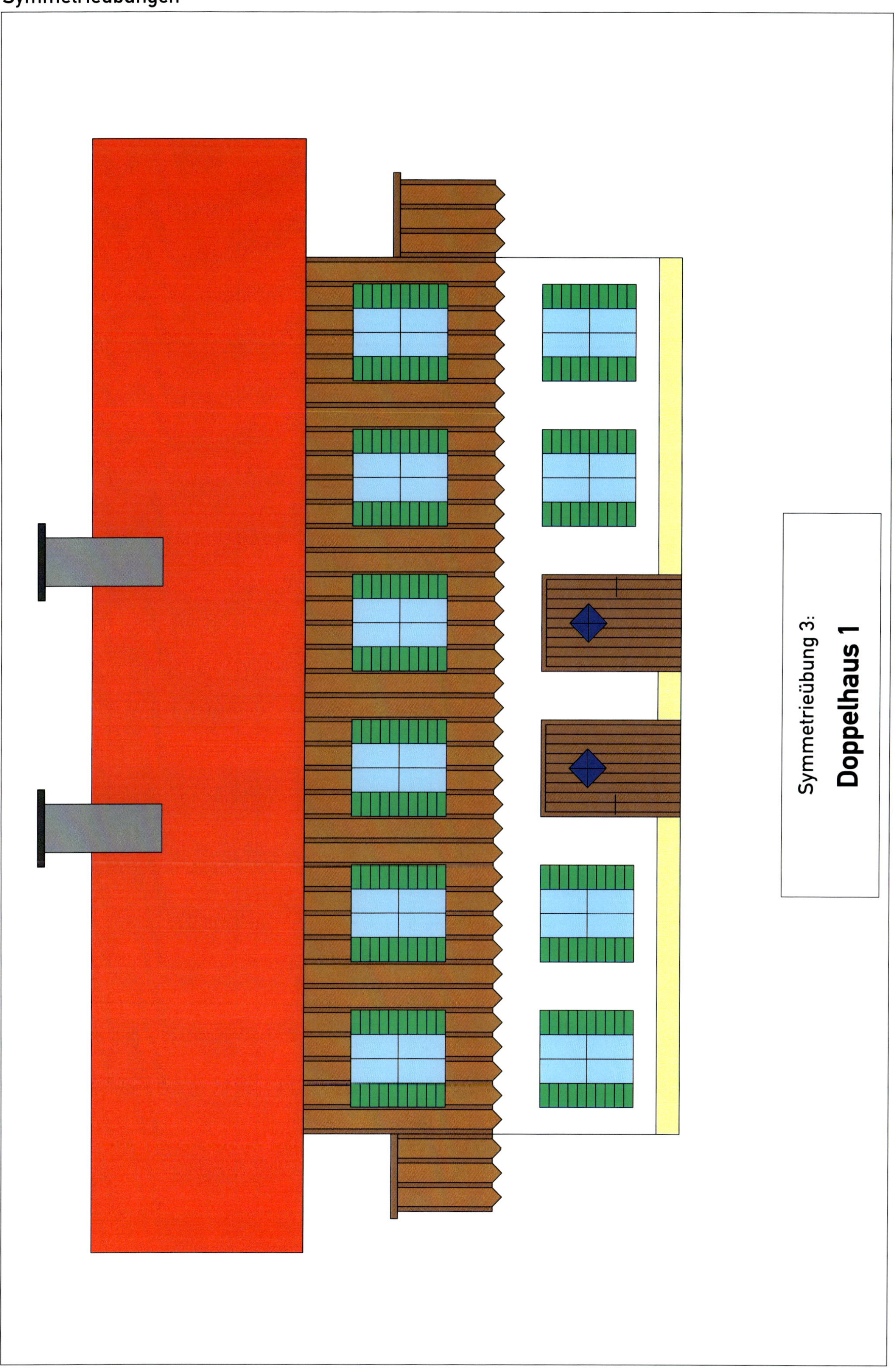
Symmetrieübung 3:
Doppelhaus 1

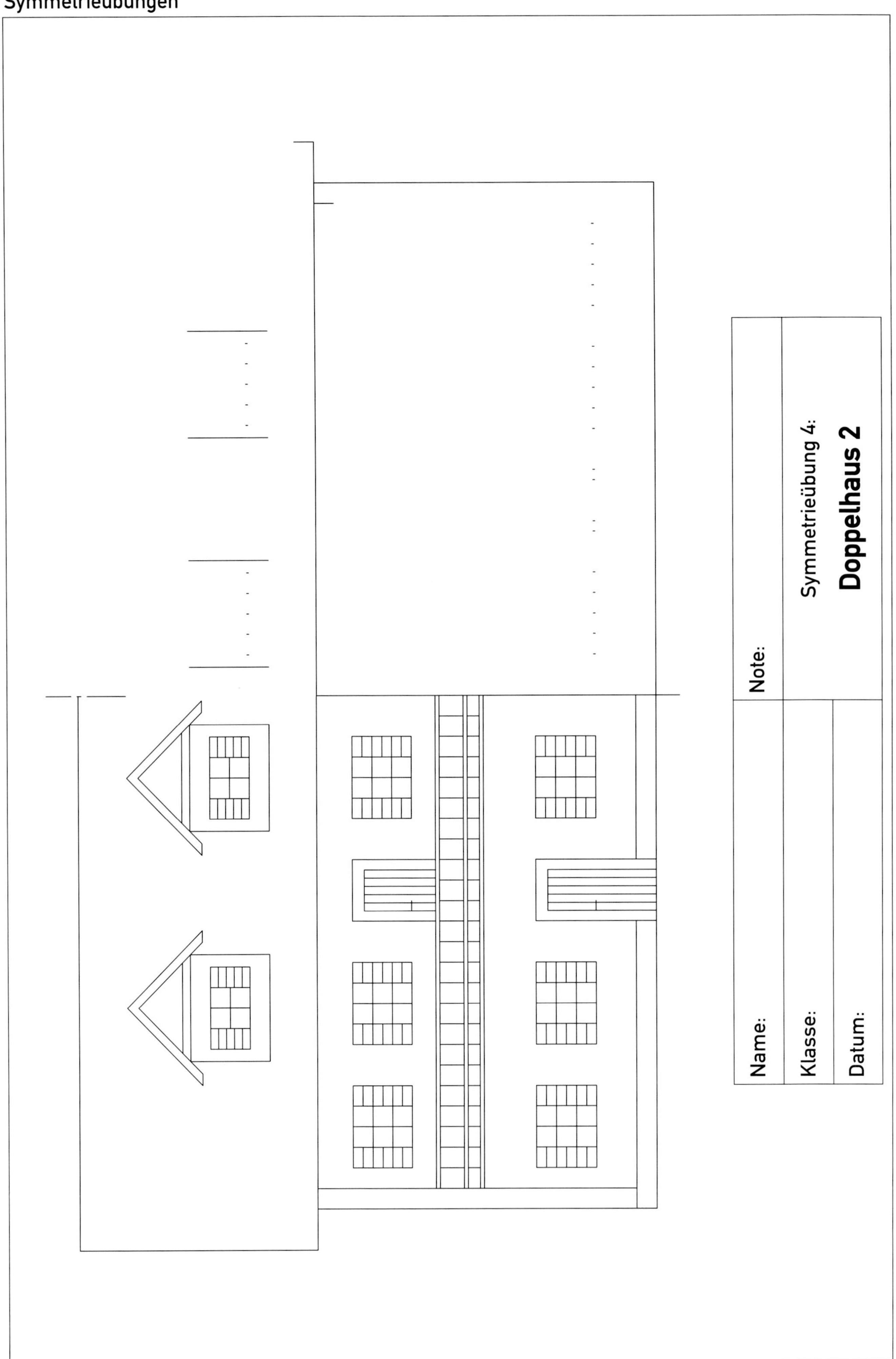
Name:
Klasse:
Datum:
Note:
Symmetrieübung 4:
Doppelhaus 2

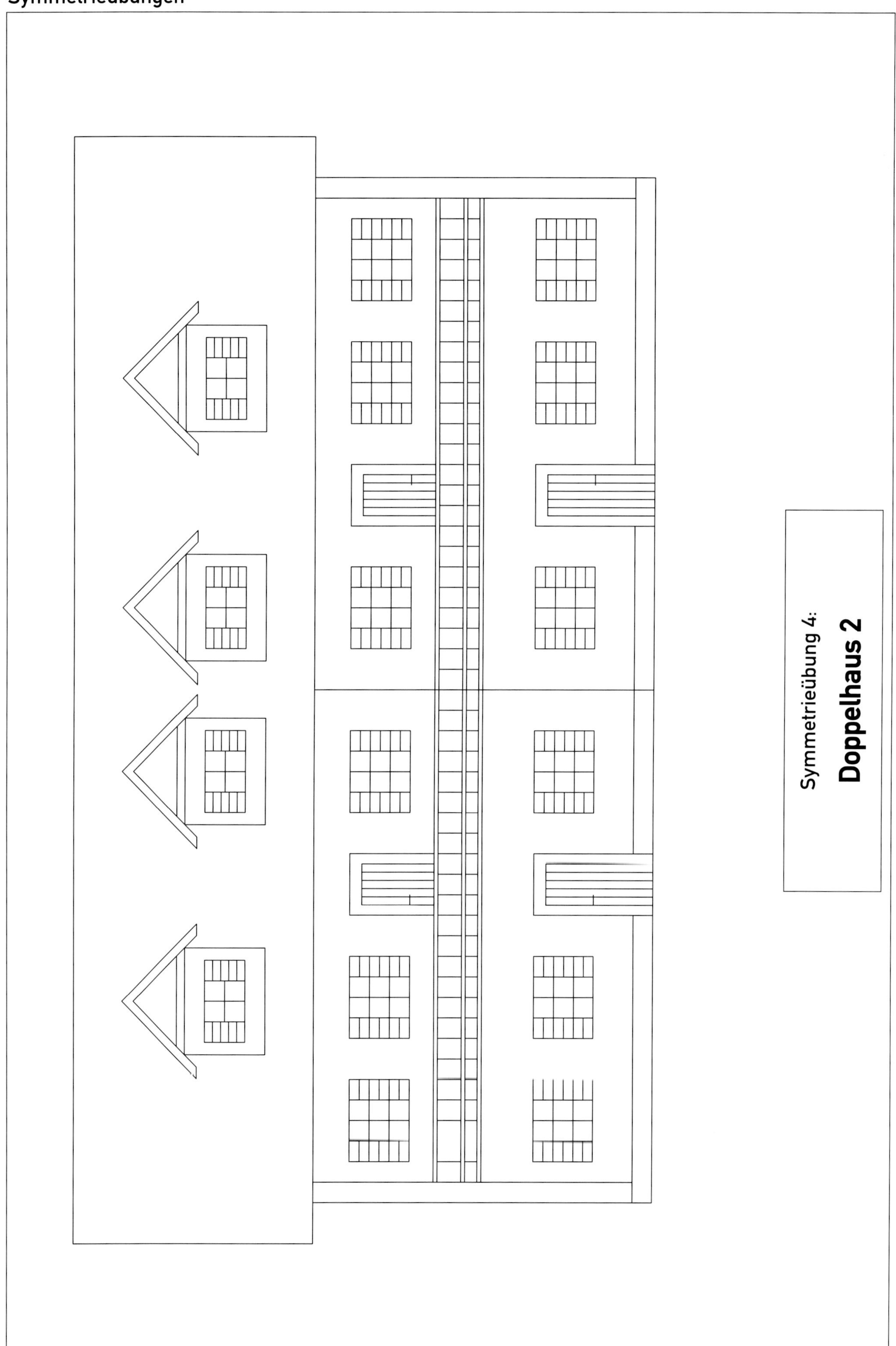
Symmetrieübung 4:
Doppelhaus 2

Symmetrieübung 4:

Doppelhaus 2

Name:	Note:
Klasse:	Symmetrieübung 5: **Schachbrett**
Datum:	

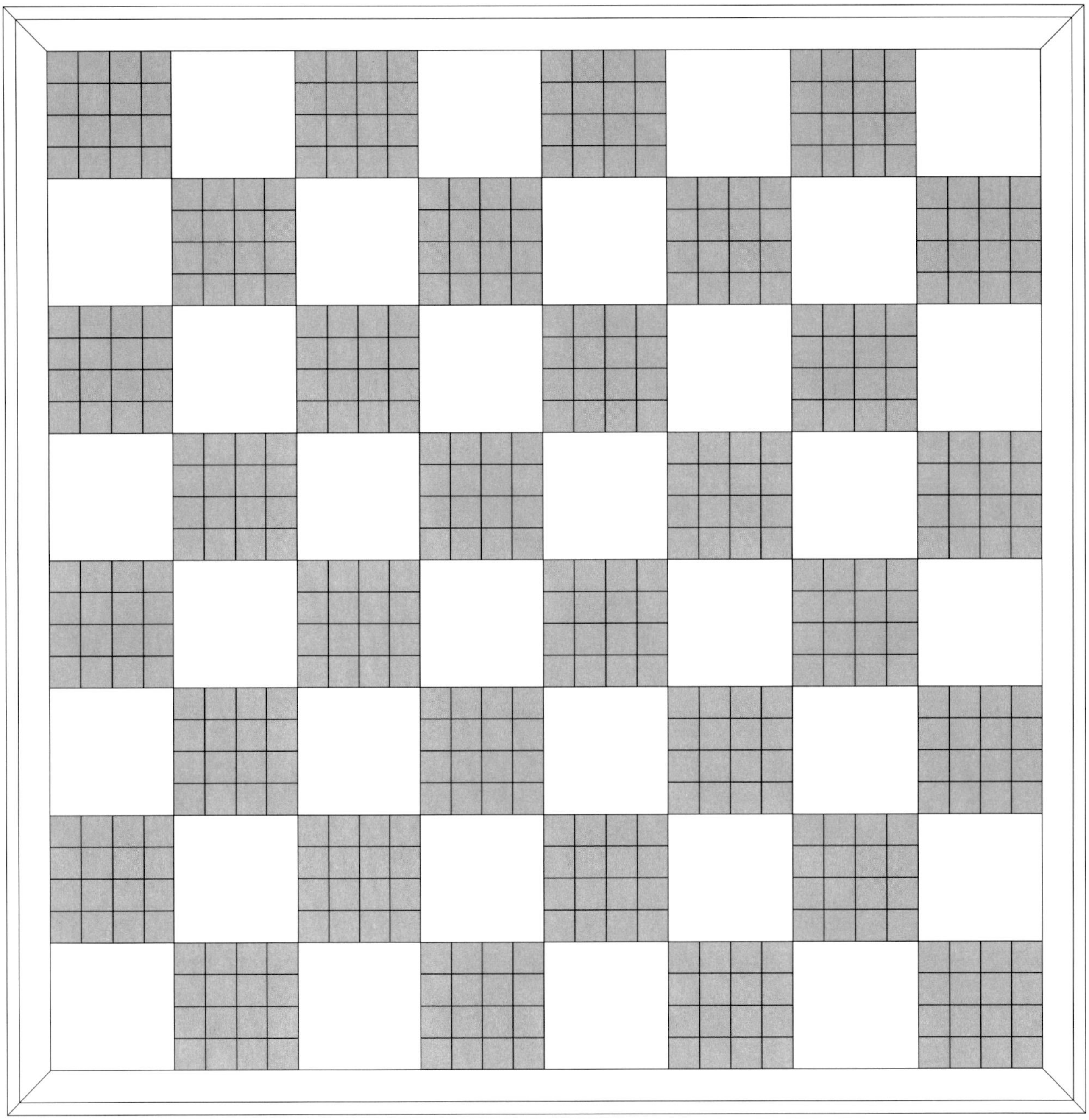

Symmetrieübung 5:

Schachbrett

Name:	Note:
Klasse:	Symmetrieübung 6:
Datum:	**Fliesen**

Symmetrieübung 6:

Fliesen

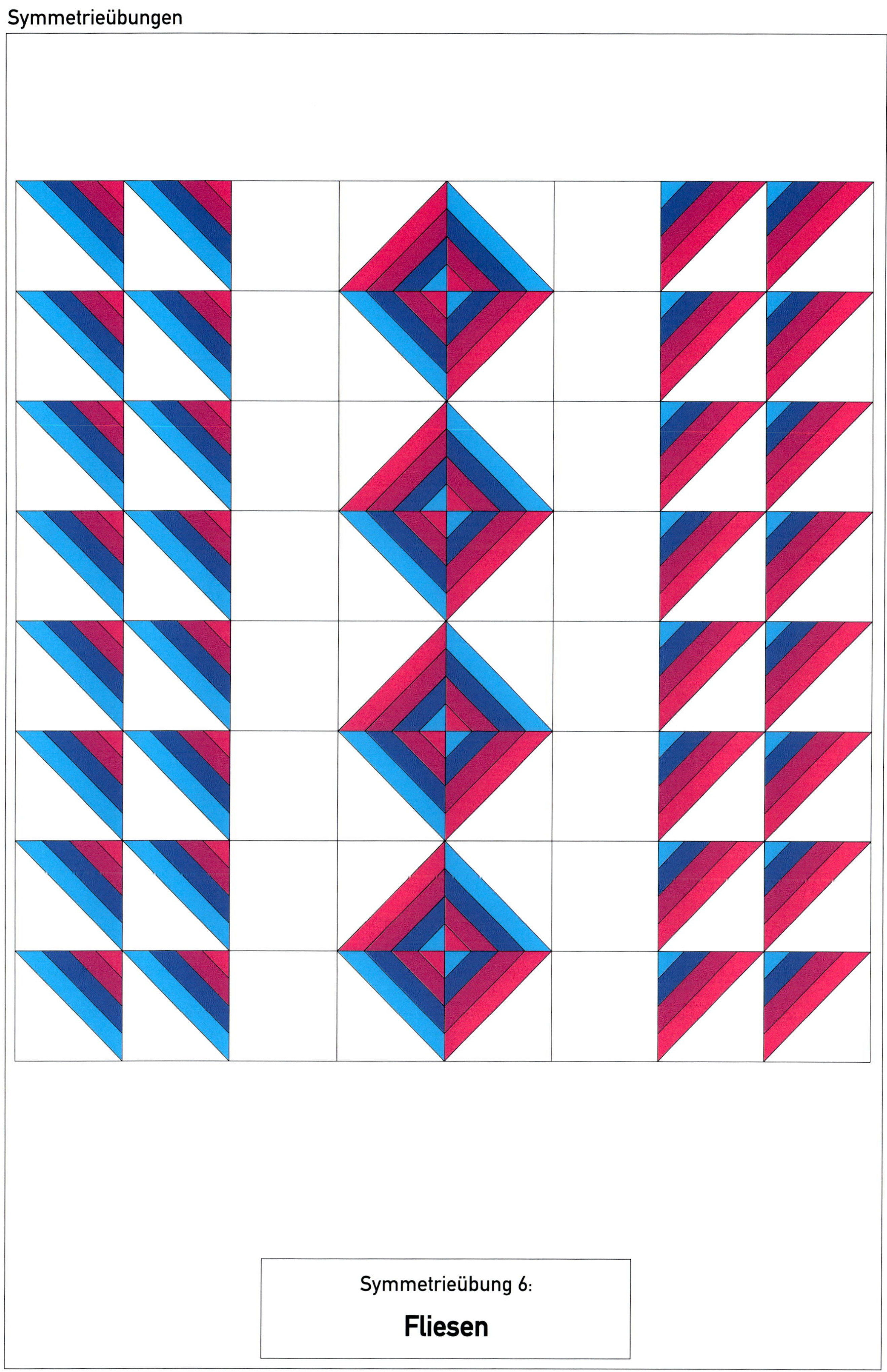

Symmetrieübung 6:

Fliesen

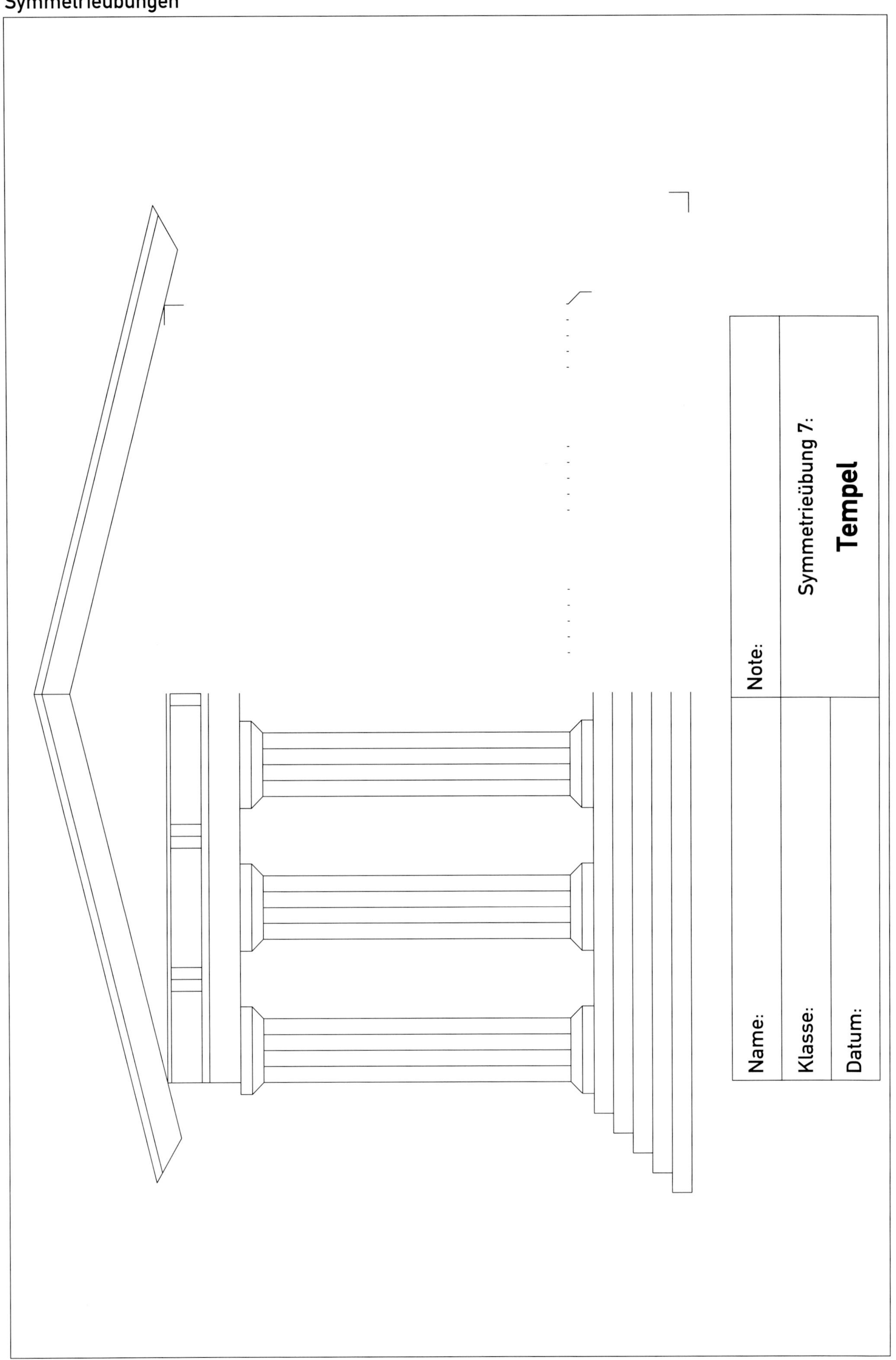

Alfred Aigner: Technisches Zeichnen

Symmetrieübung 7:
Tempel

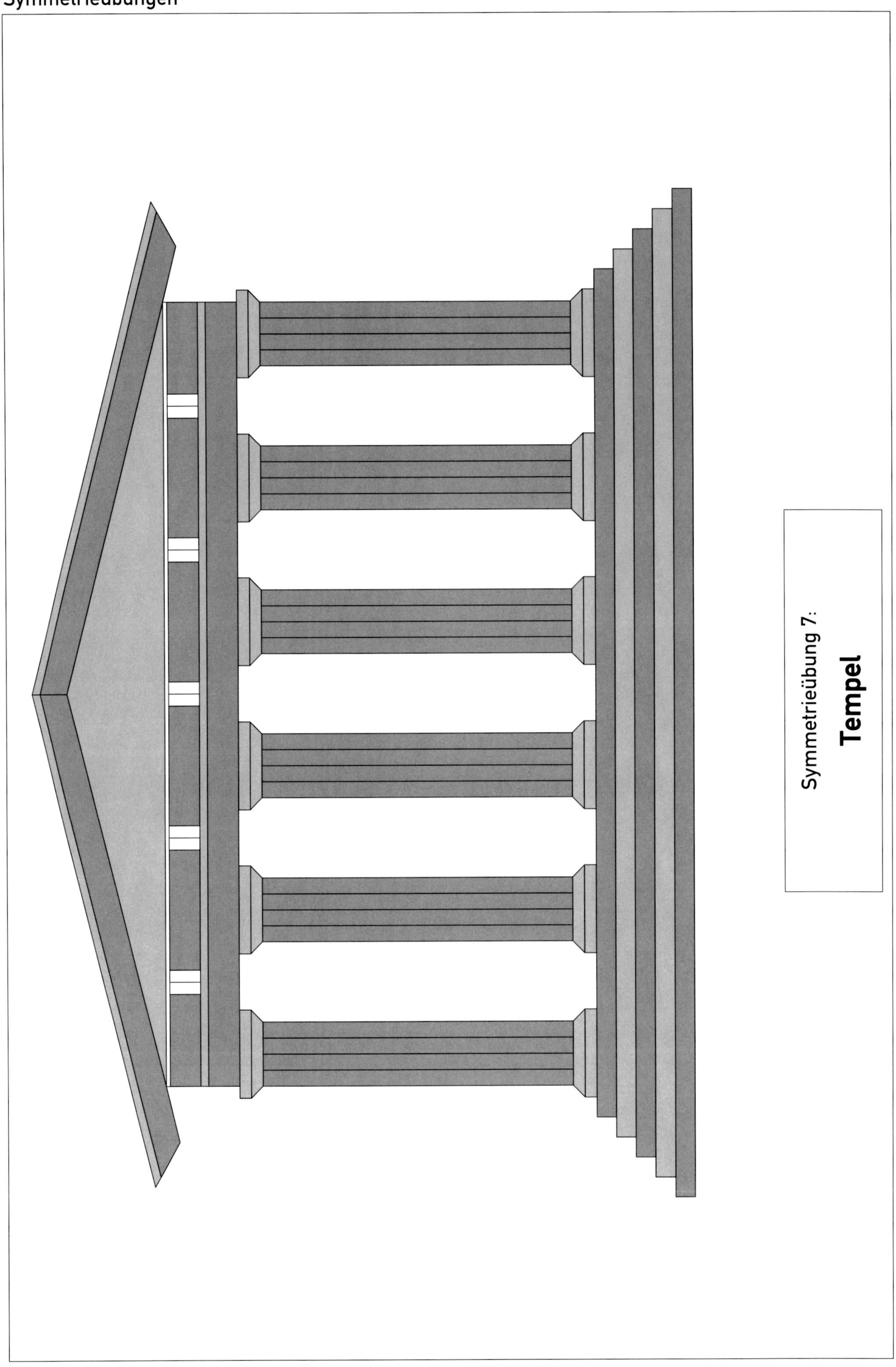
Symmetrieübung 7:
Tempel

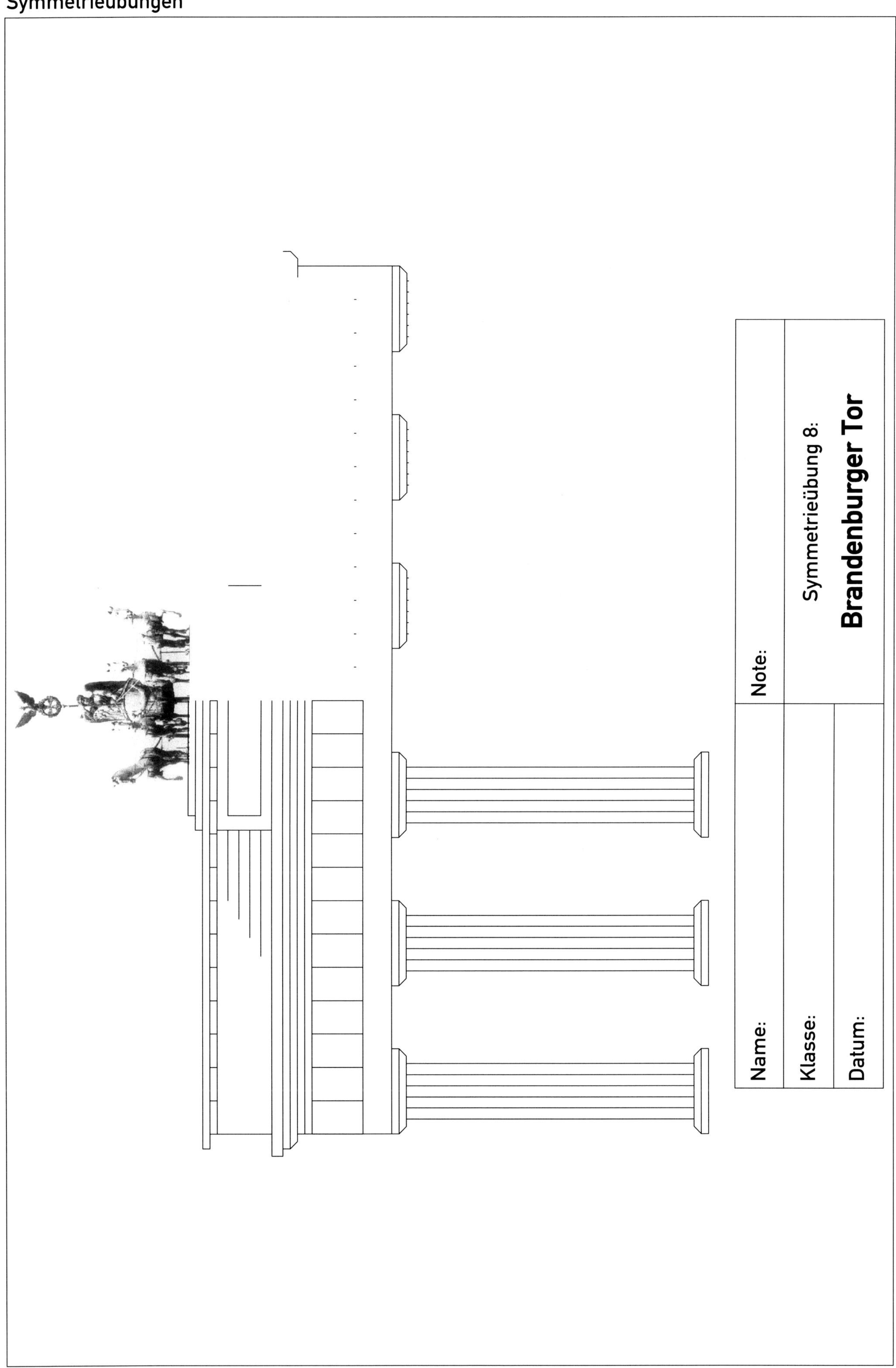
Symmetrieübung 8:
Brandenburger Tor
Name:
Klasse:
Datum:
Note:

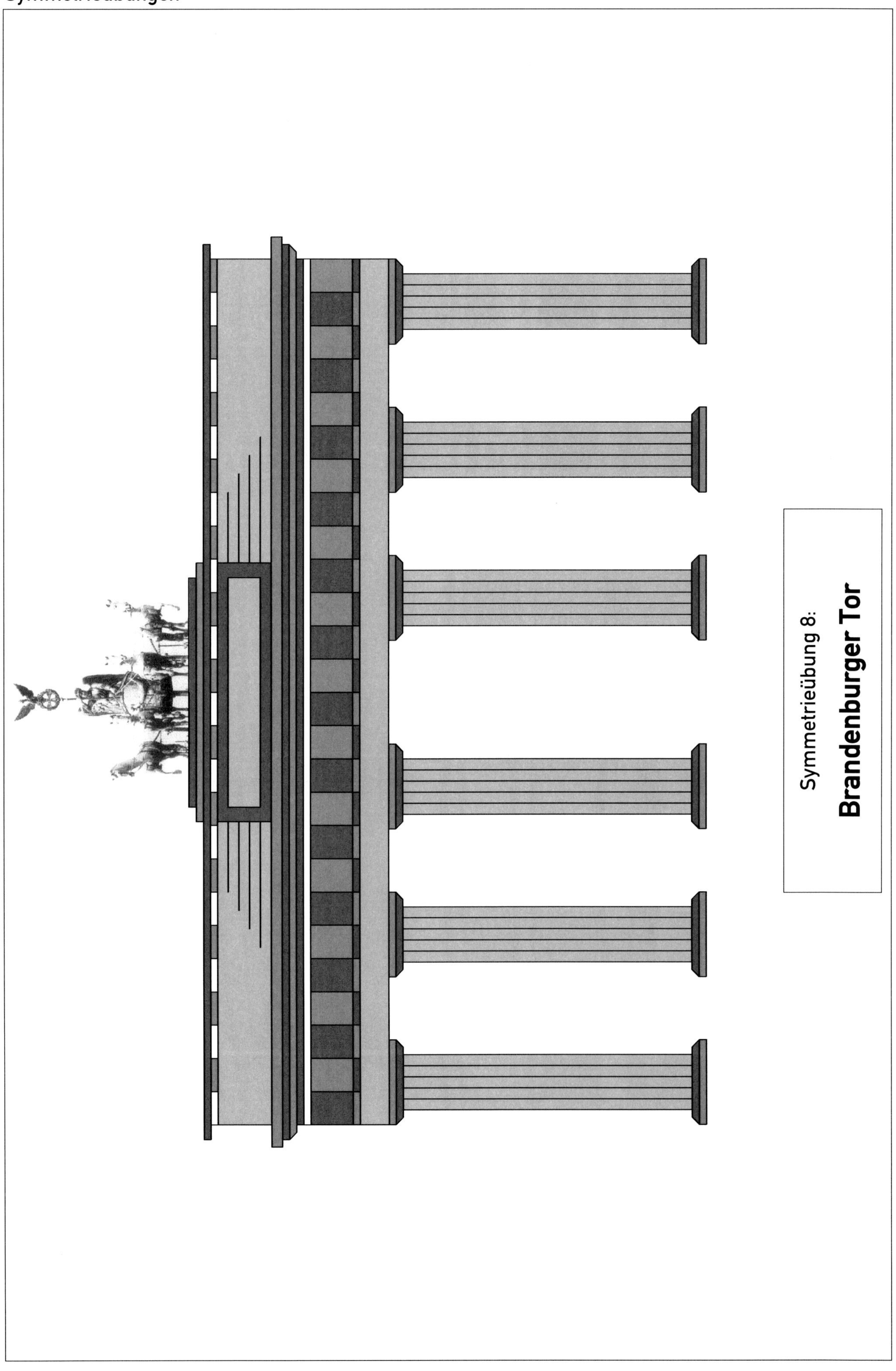
Symmetrieübung 8:
Brandenburger Tor

Übungen im Überblick

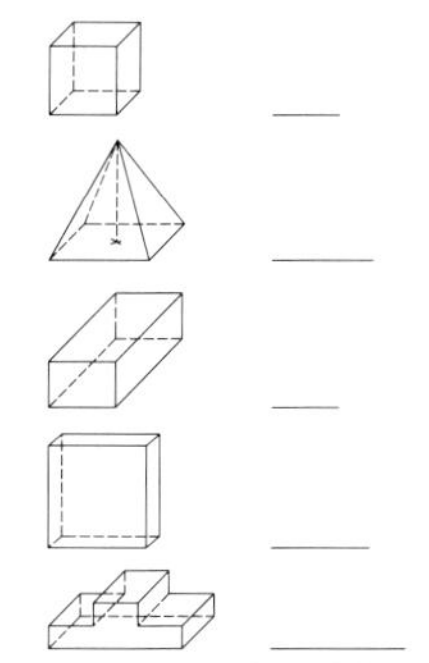

Geometrische Körper

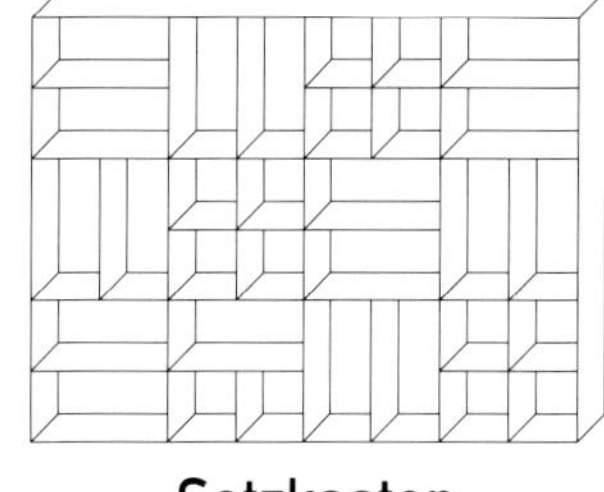

Setzkasten

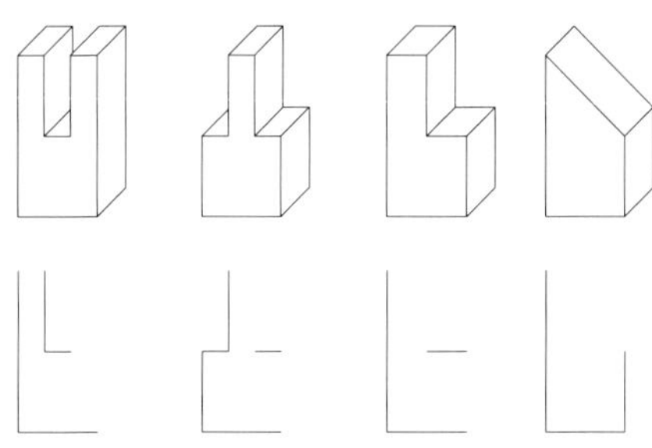

Holzverbindungen

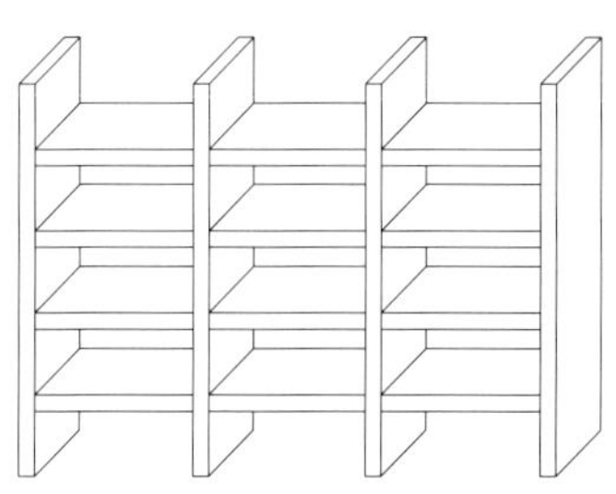

Regal 1

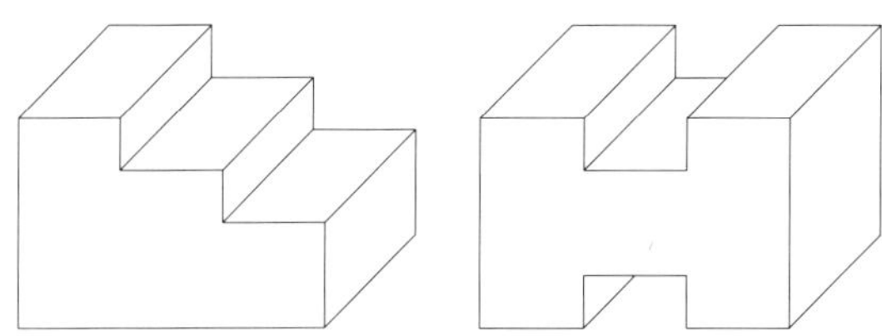

Quader mit Veränderungen 1

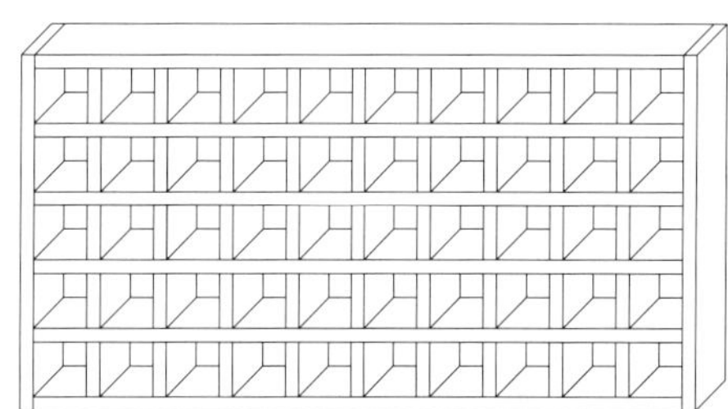

Regal 2

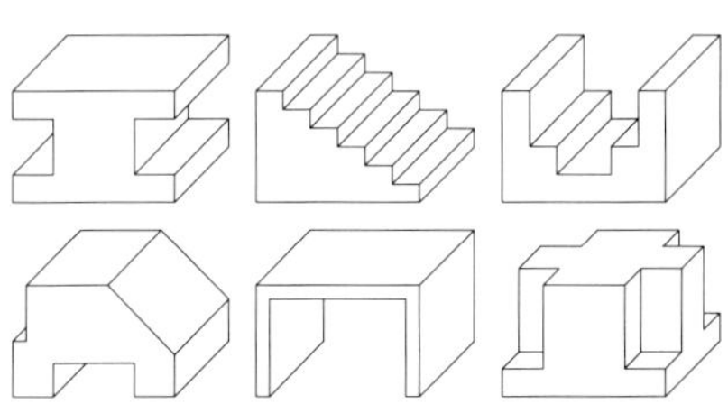

Quader mit Veränderungen 2

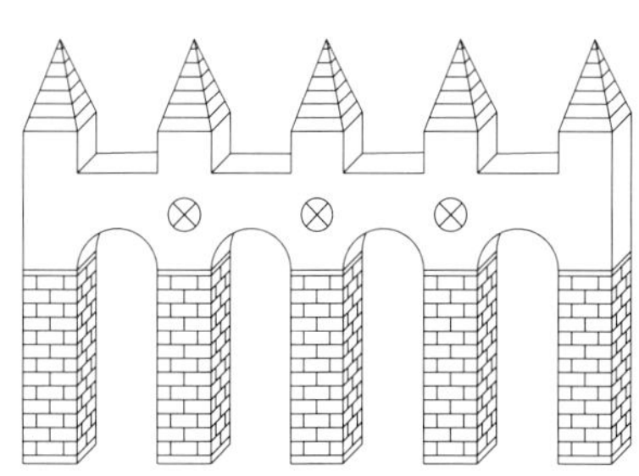

Stadttor 1

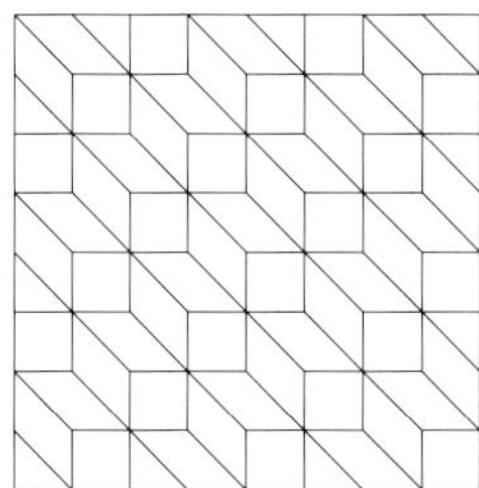

Treppe

Stadttor 2

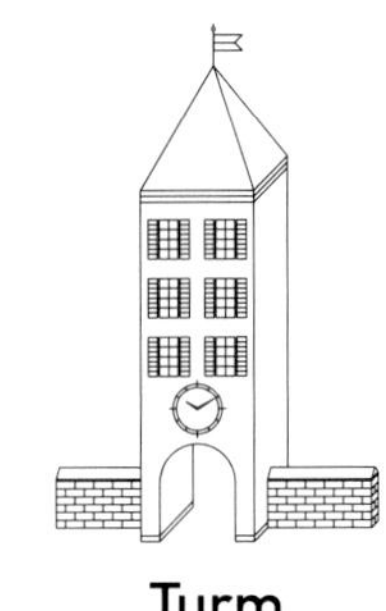

Turm

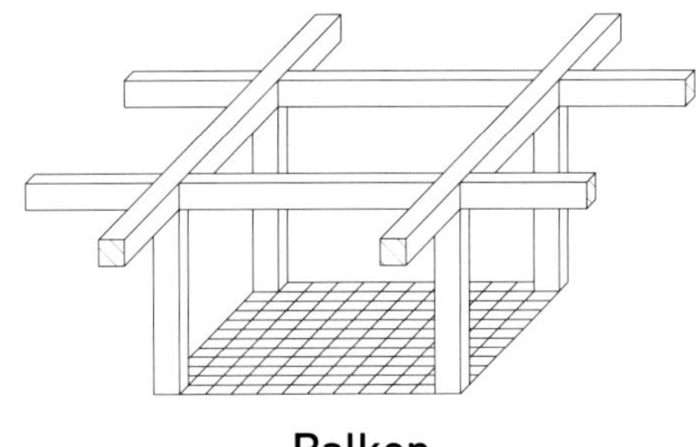

Balken

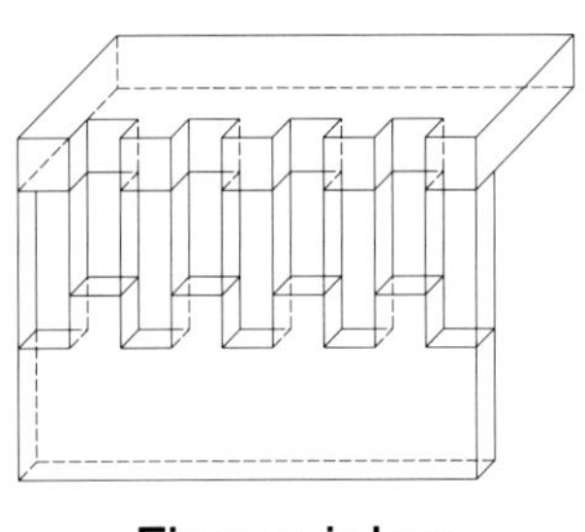

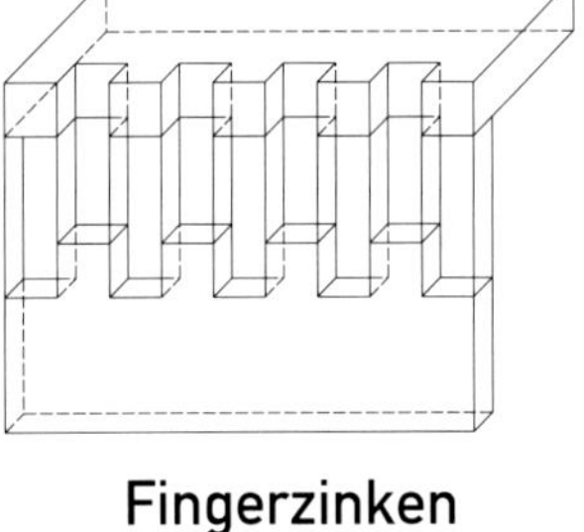

Fingerzinken

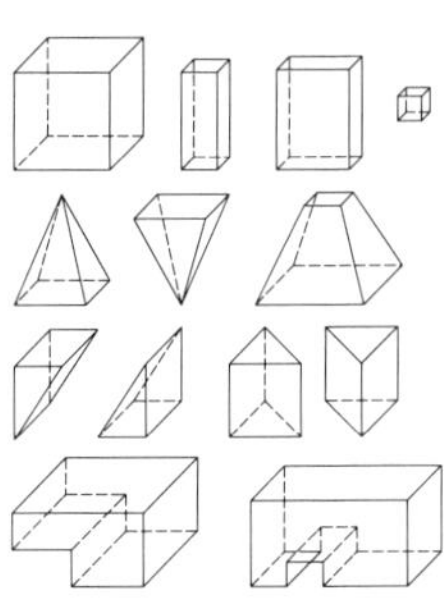

Verdeckte Kanten

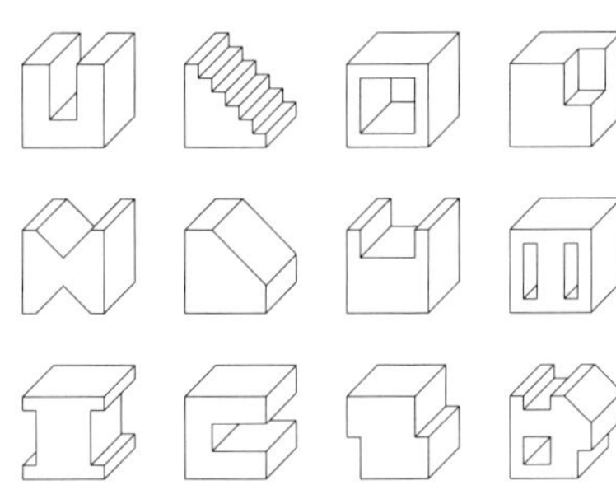

Würfelübung

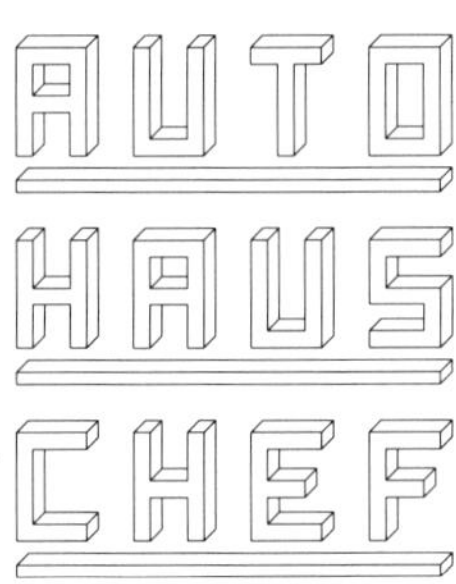

Buchstaben

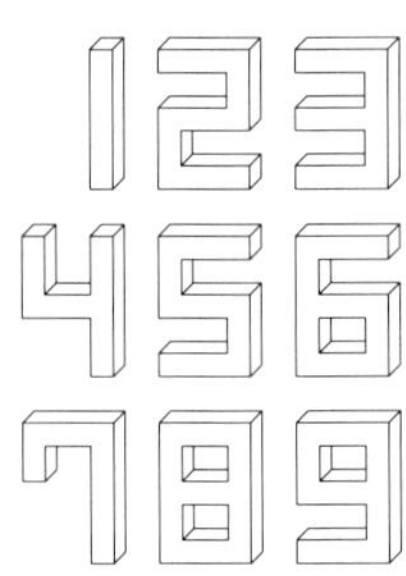

Zahlen

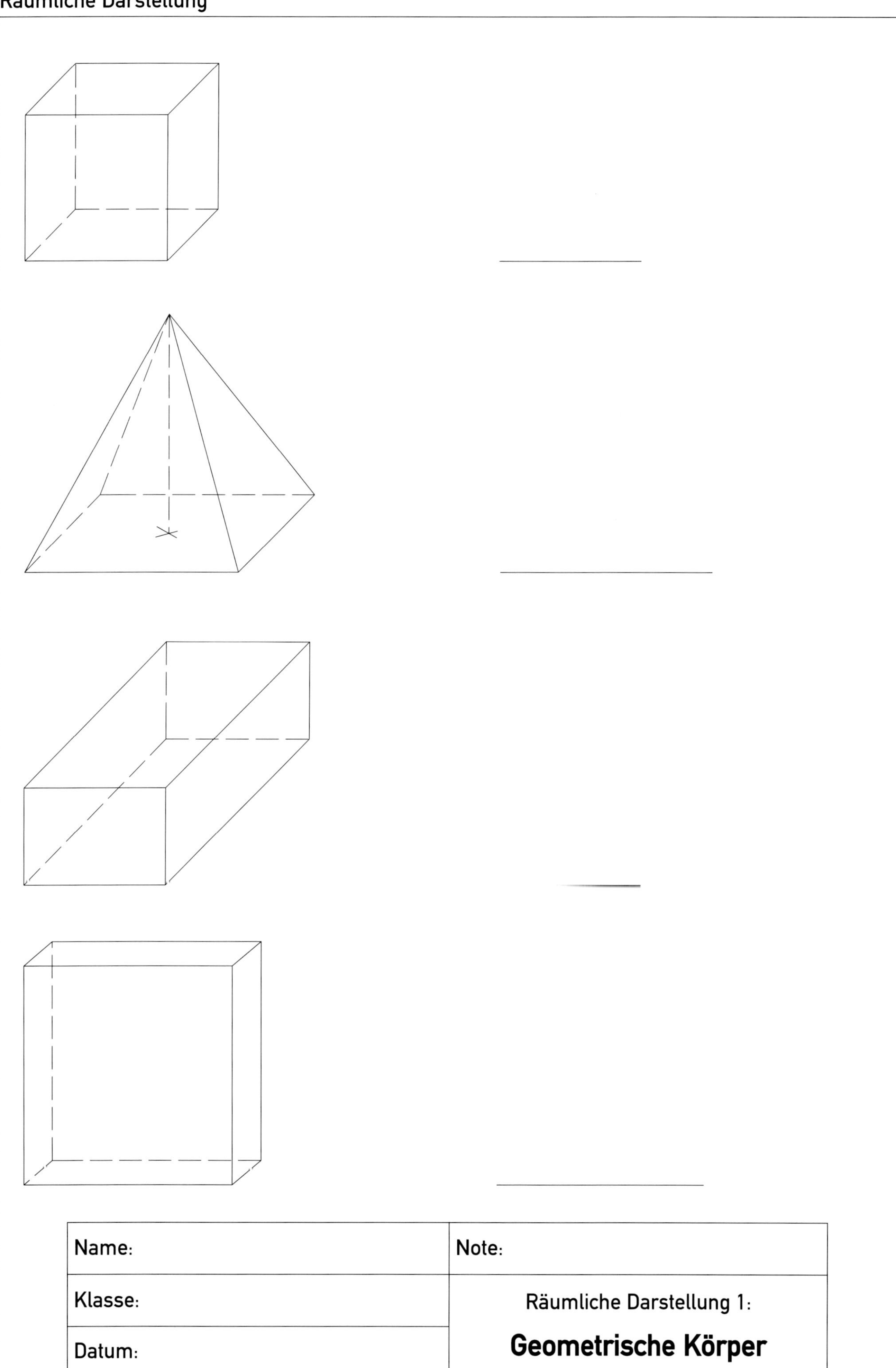

Name:	Note:
Klasse:	Räumliche Darstellung 1:
Datum:	**Geometrische Körper**

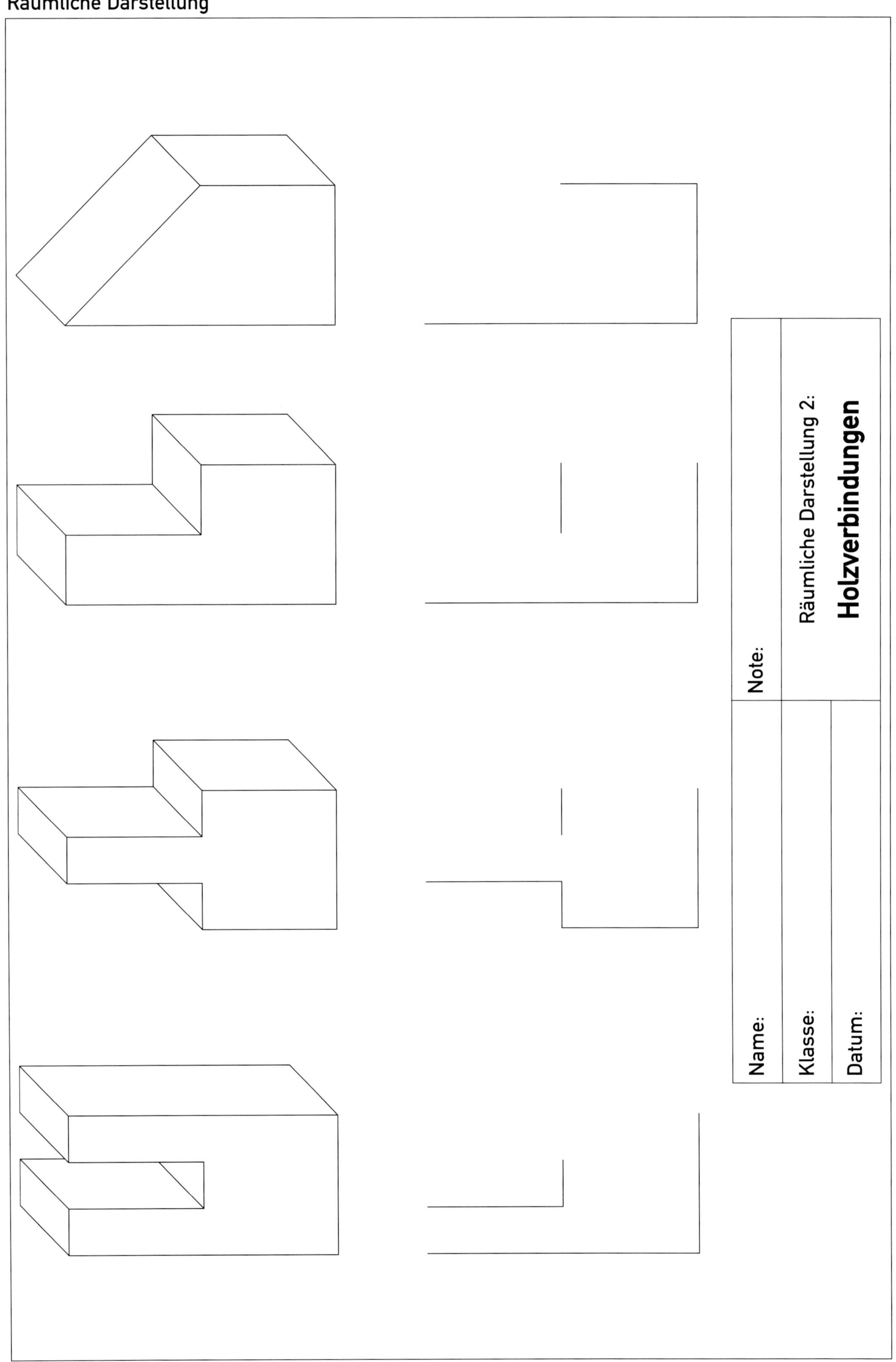
Name:
Klasse:
Datum:
Note:
Räumliche Darstellung 2:
Holzverbindungen

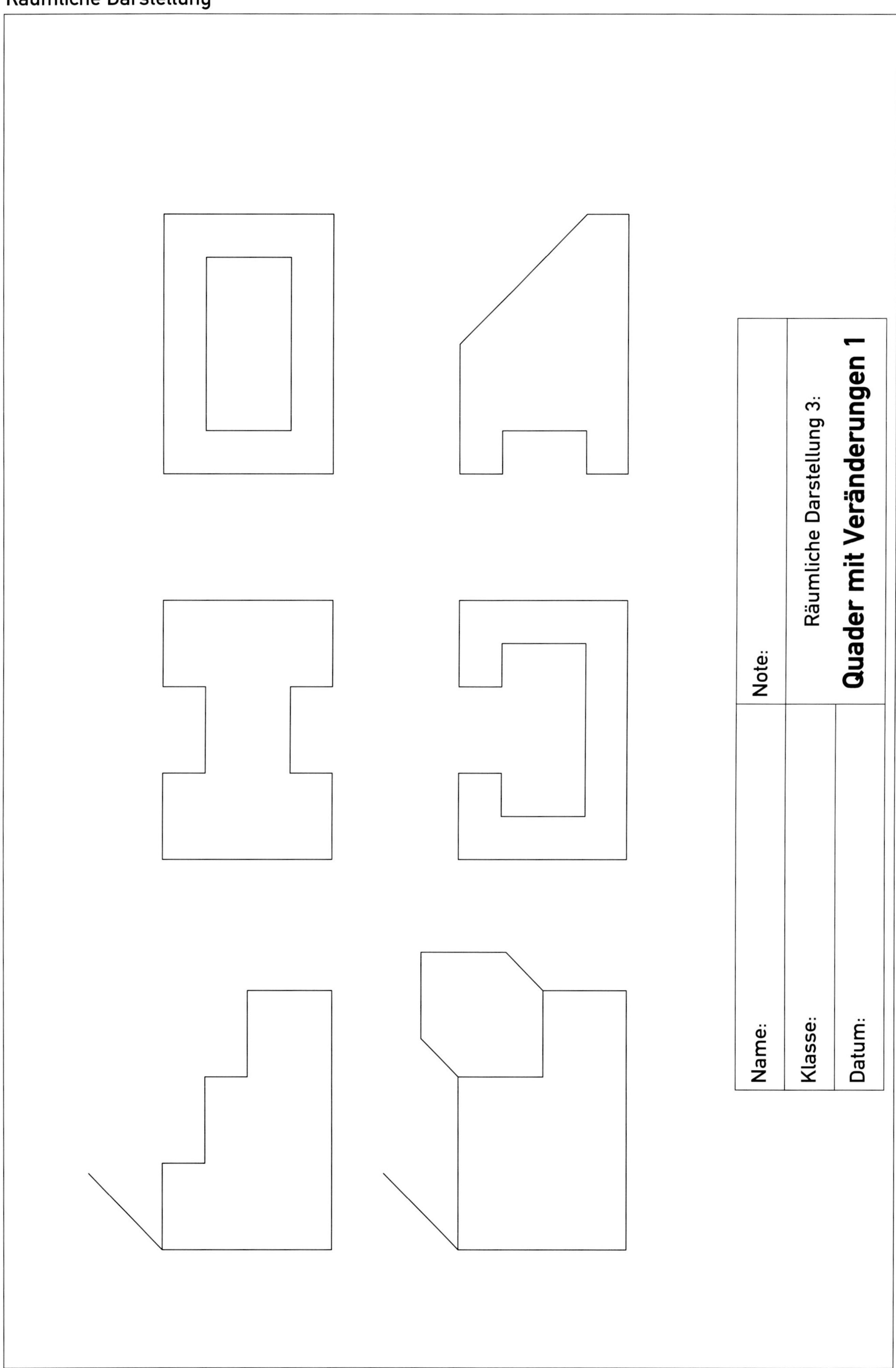
Note:
Räumliche Darstellung 3:
Quader mit Veränderungen 1
Name:
Klasse:
Datum:

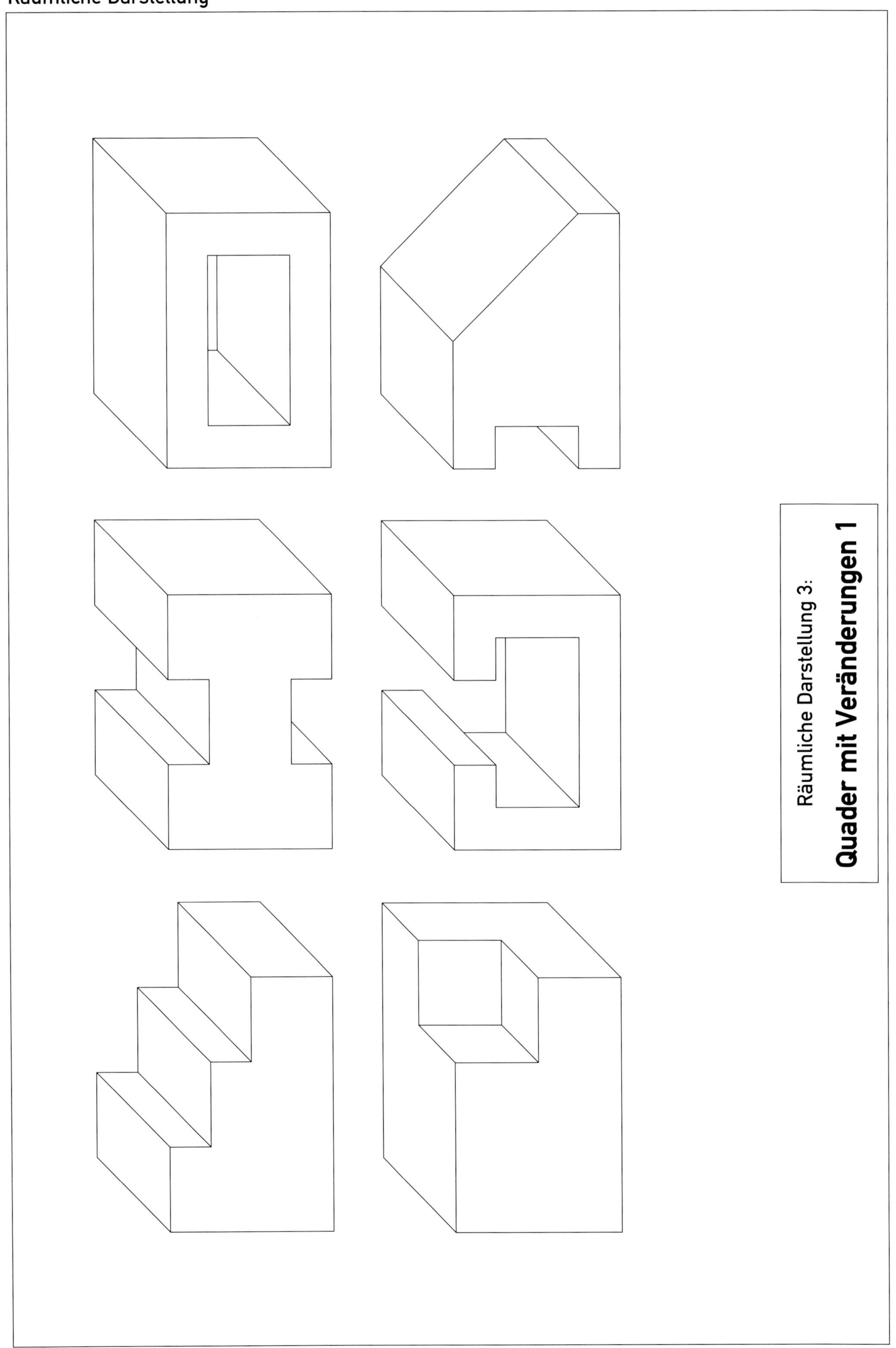
Räumliche Darstellung 3:
Quader mit Veränderungen 1

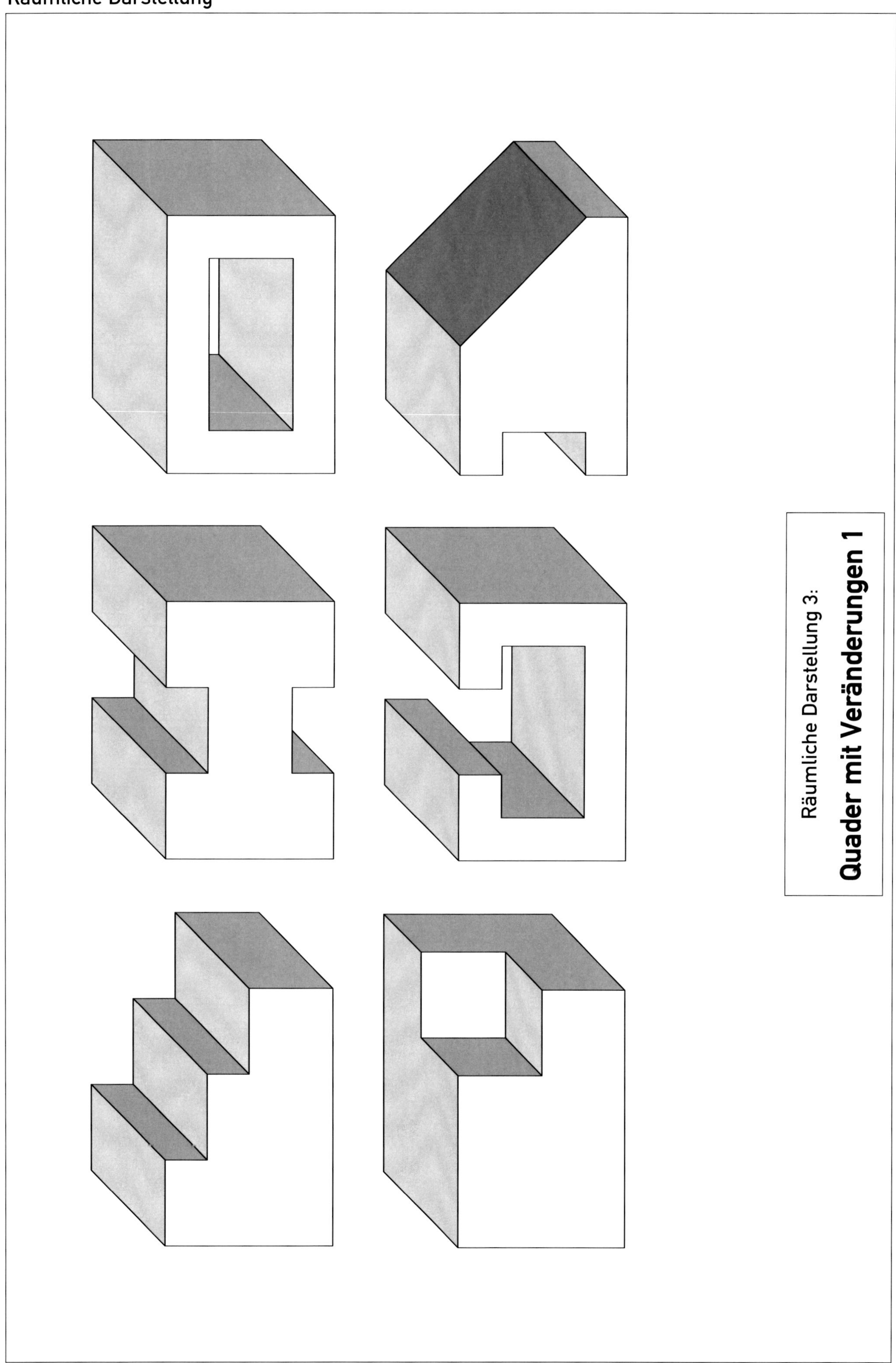
Räumliche Darstellung 3:
Quader mit Veränderungen 1

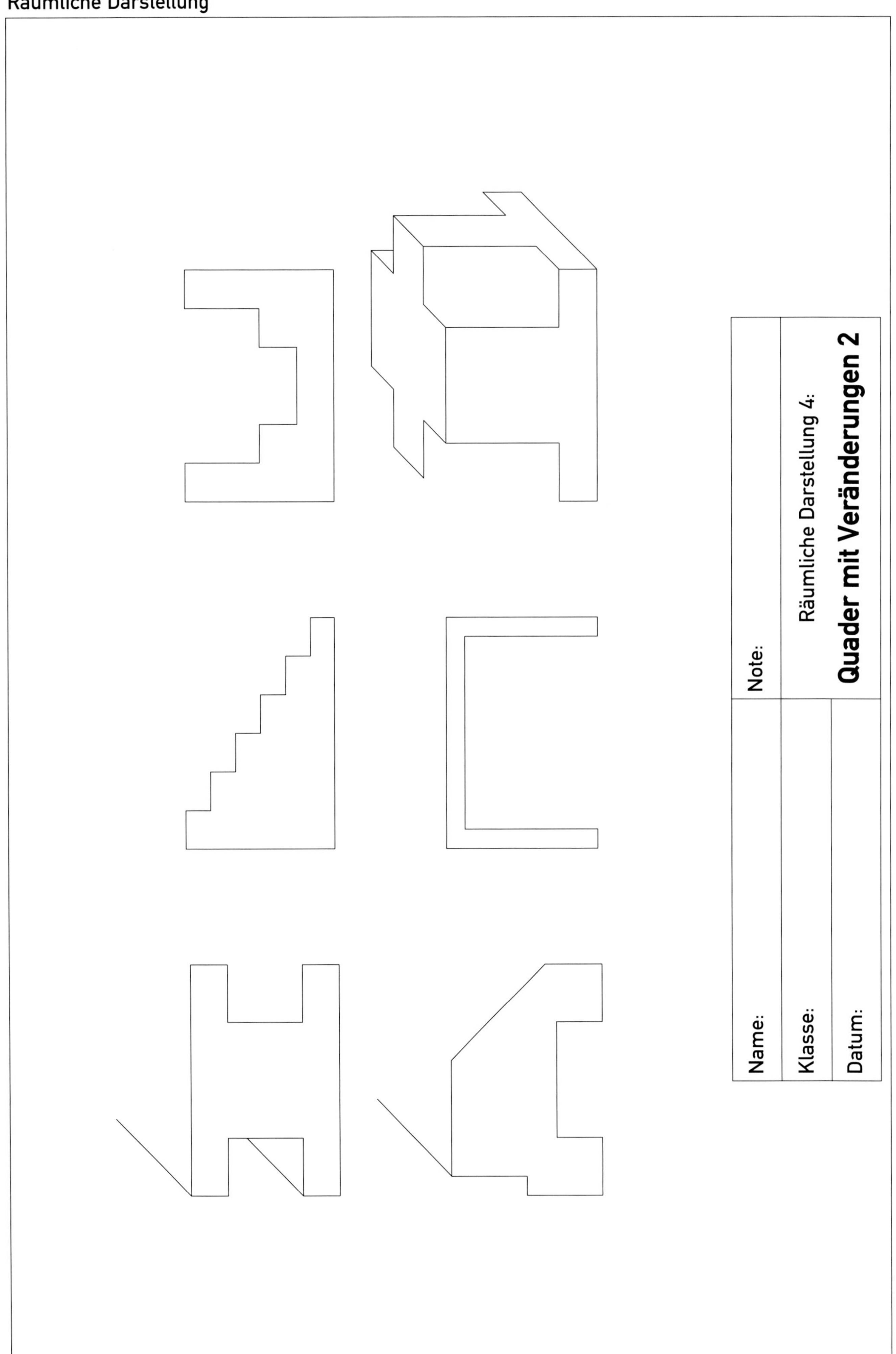
Name:
Klasse:
Datum:
Note:
Räumliche Darstellung 4:
Quader mit Veränderungen 2

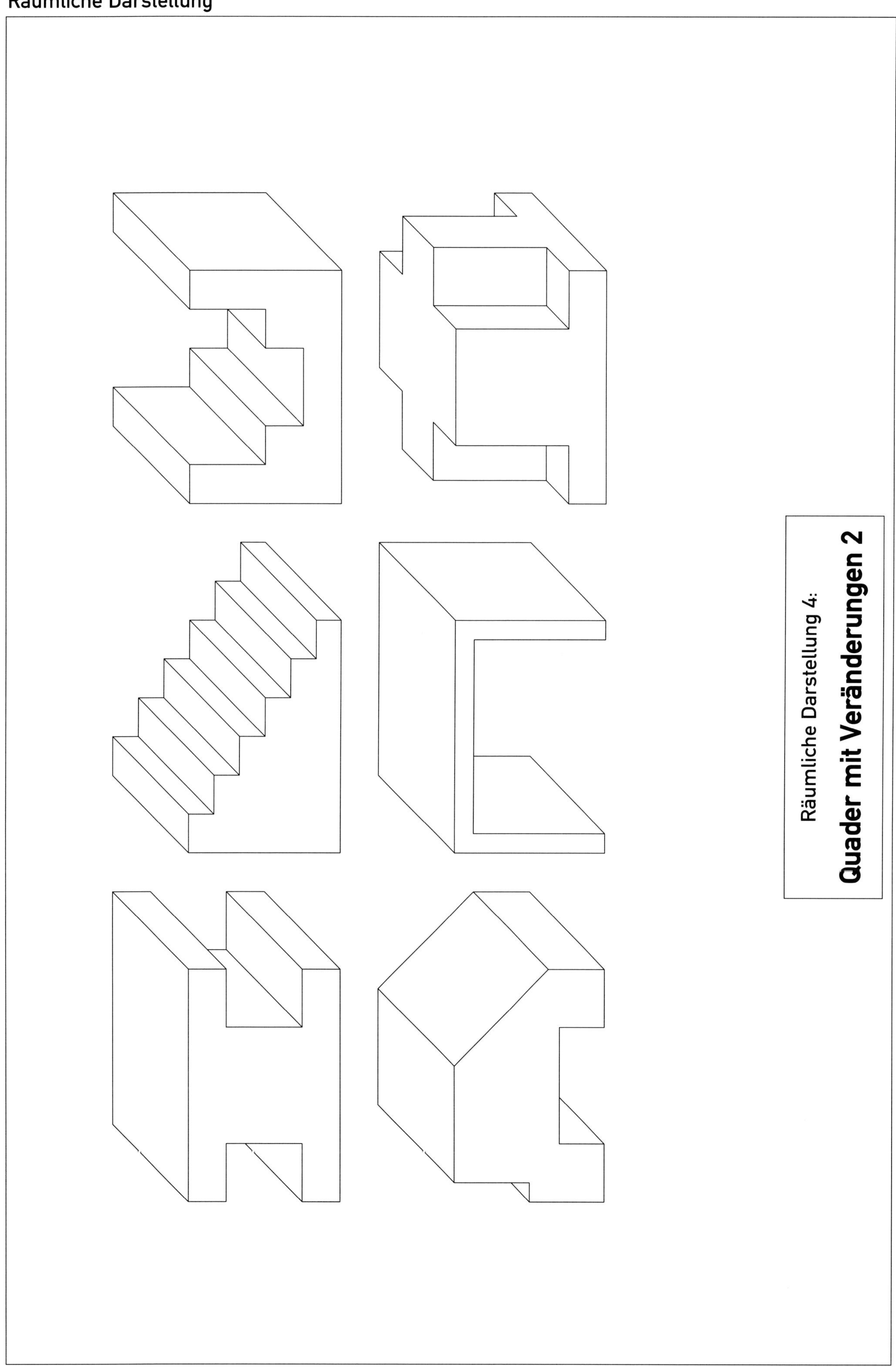
Räumliche Darstellung 4:
Quader mit Veränderungen 2

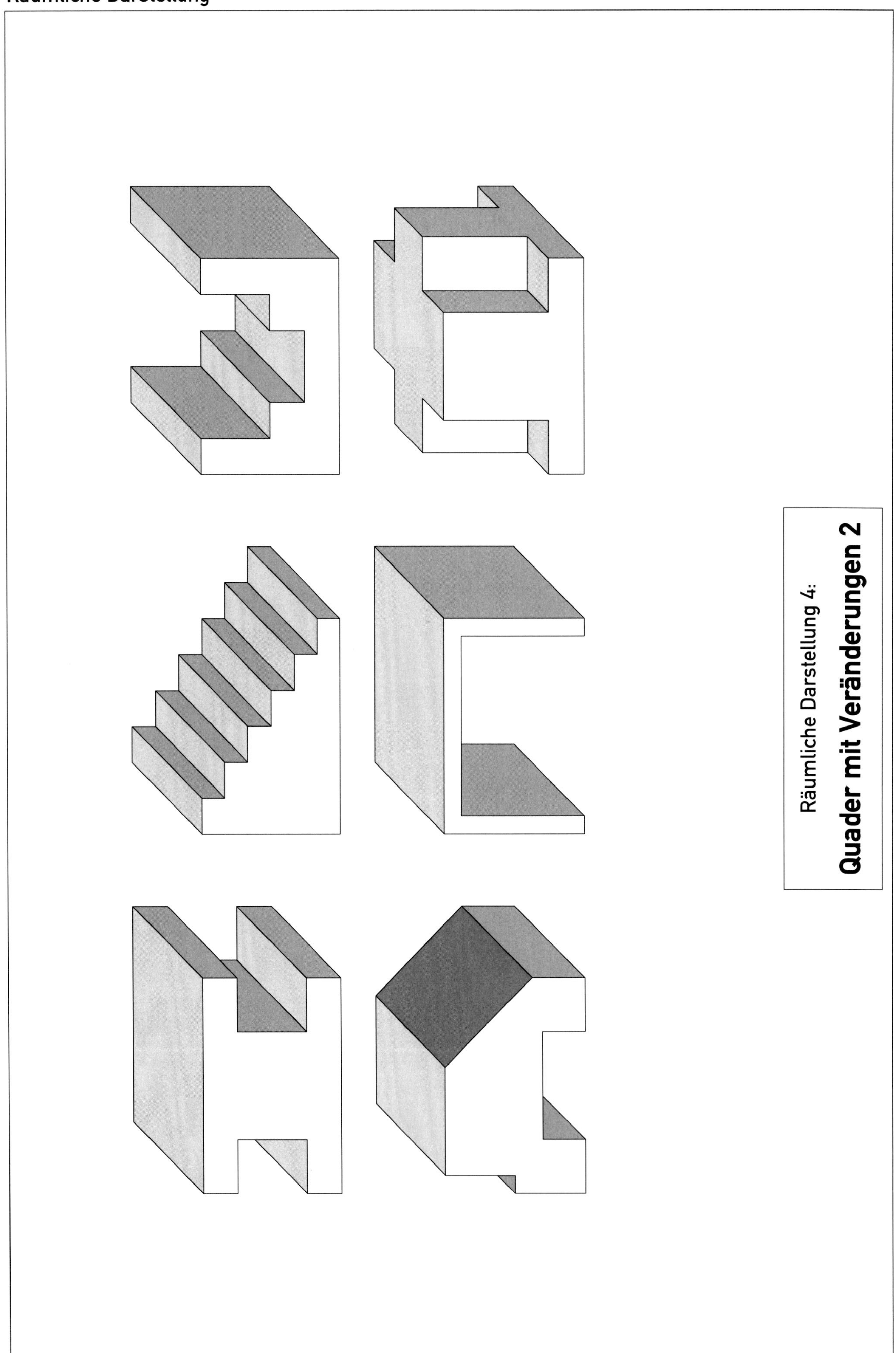
Räumliche Darstellung 4:
Quader mit Veränderungen 2

Name:	Note:
Klasse:	Räumliche Darstellung 5:
Datum:	**Stufen**

Räumliche Darstellung 5:

Stufen

Räumliche Darstellung 5:

Stufen

Räumliche Darstellung 6:

Setzkasten

Note:

Name:

Klasse:

Datum:

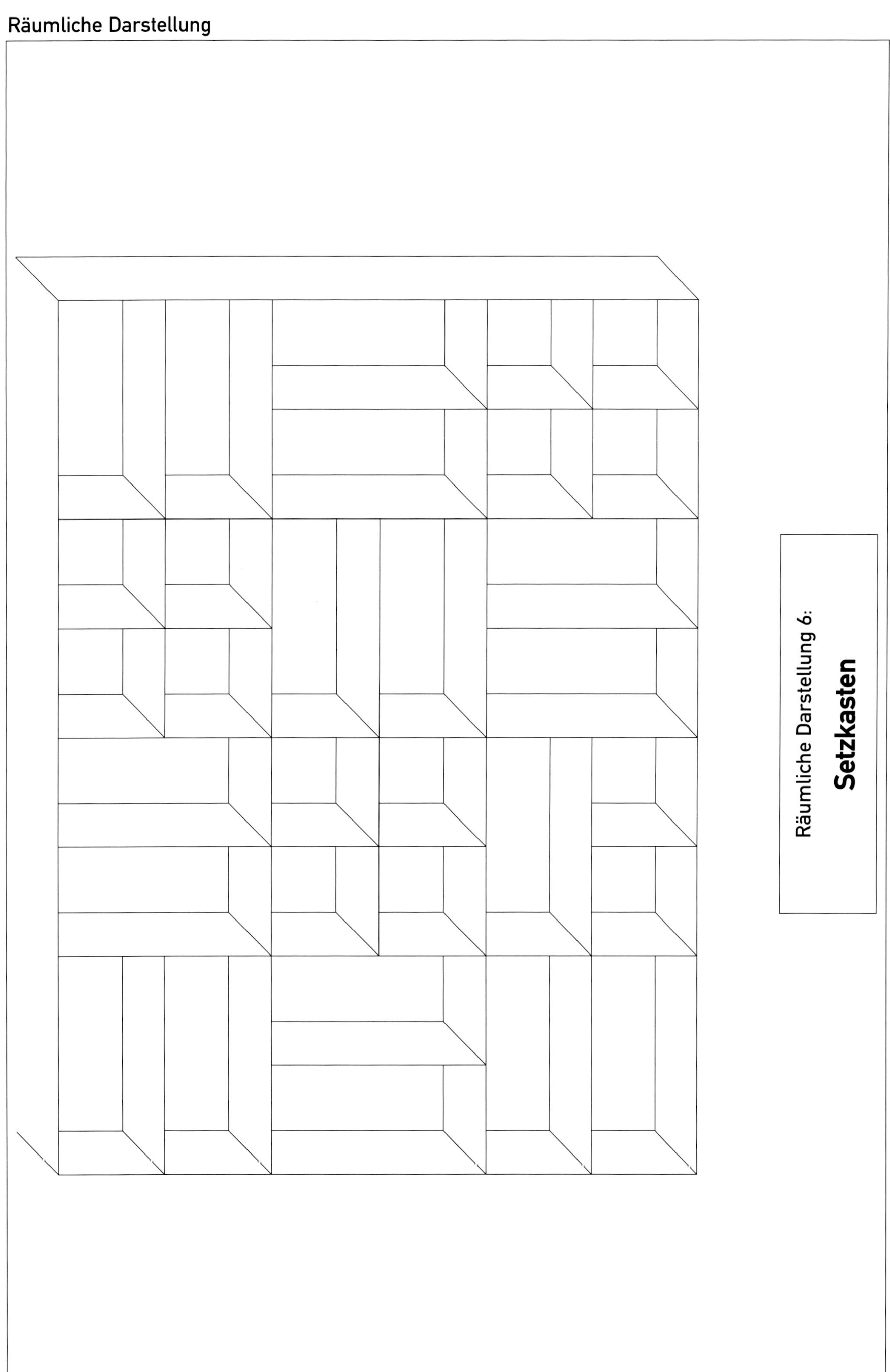
Räumliche Darstellung 6:
Setzkasten

Räumliche Darstellung 6:

Setzkasten

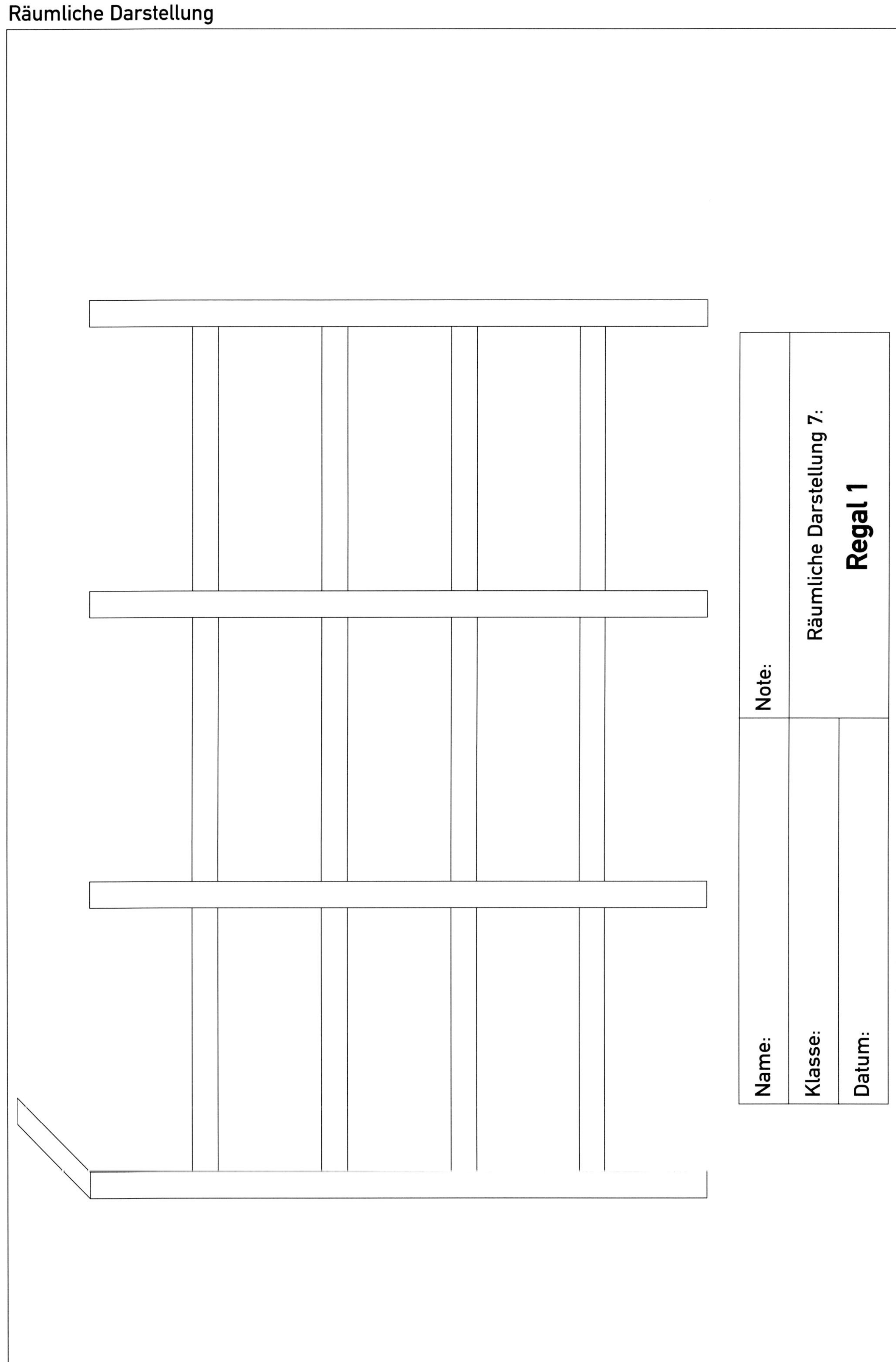
Räumliche Darstellung 7:
Regal 1
Note:
Name:
Klasse:
Datum:

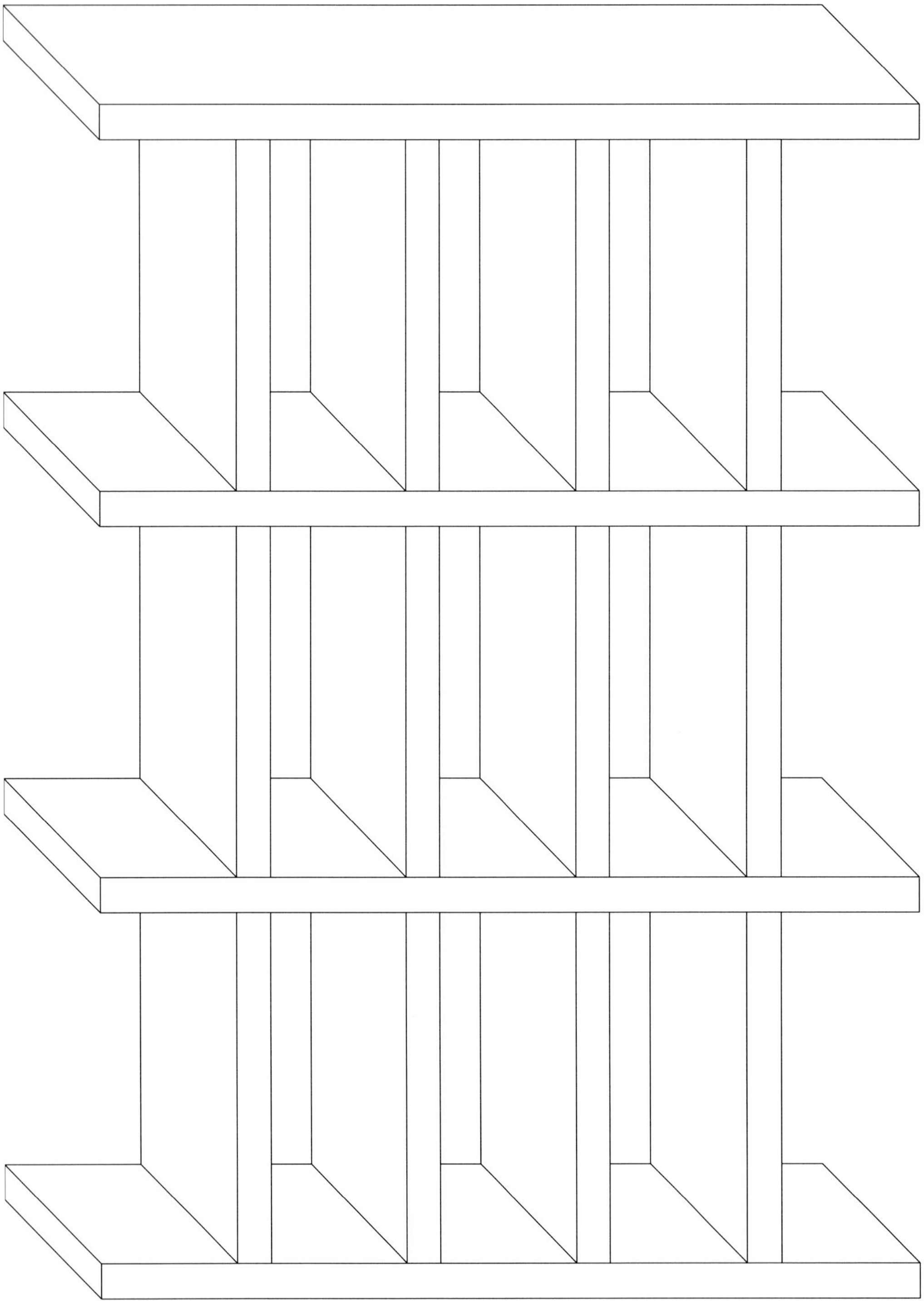

Räumliche Darstellung 7:

Regal 1

Räumliche Darstellung 7:

Regal 1

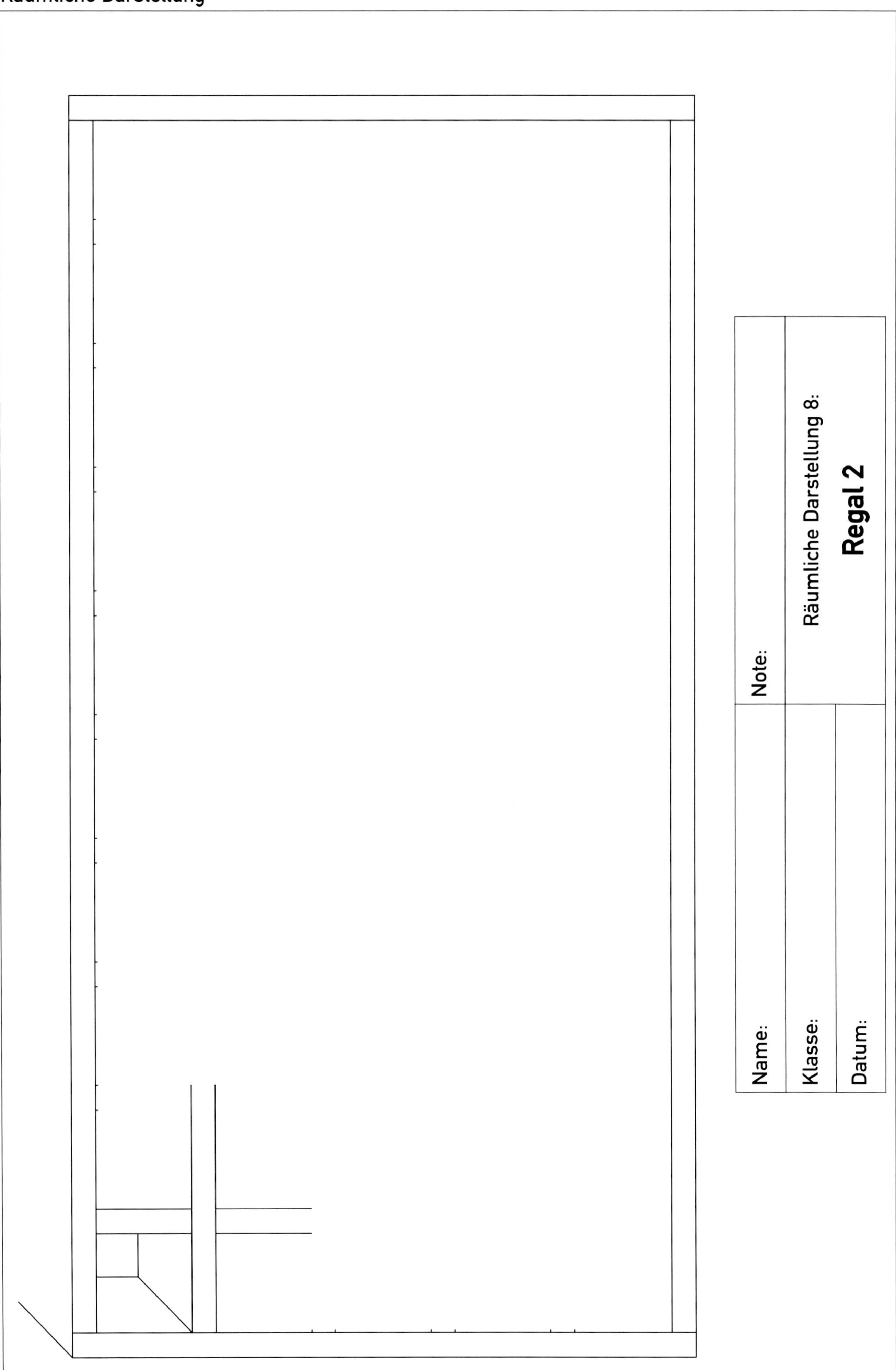
Räumliche Darstellung 8:
Regal 2
Note:
Name:
Klasse:
Datum:

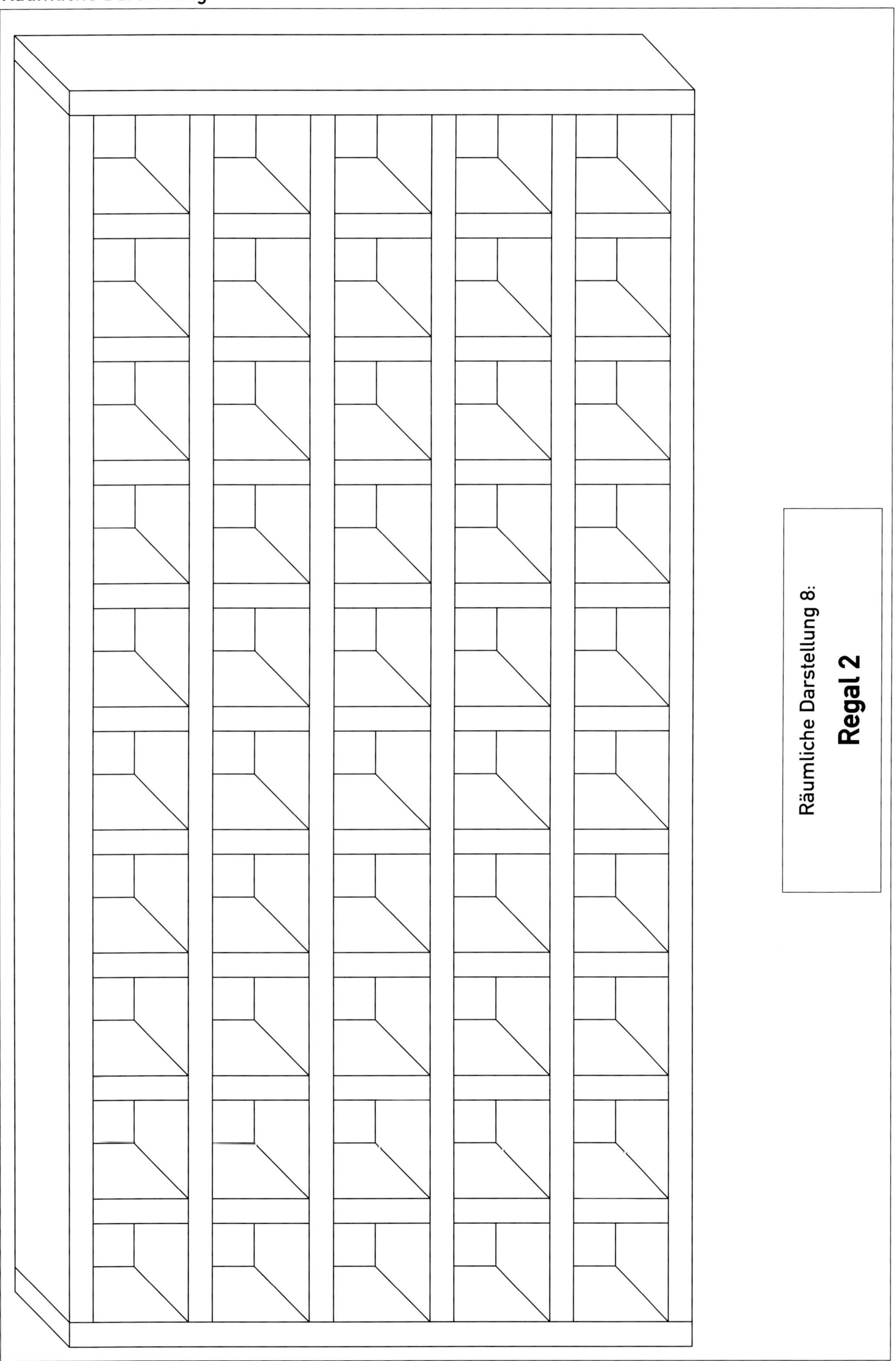
Räumliche Darstellung 8:
Regal 2

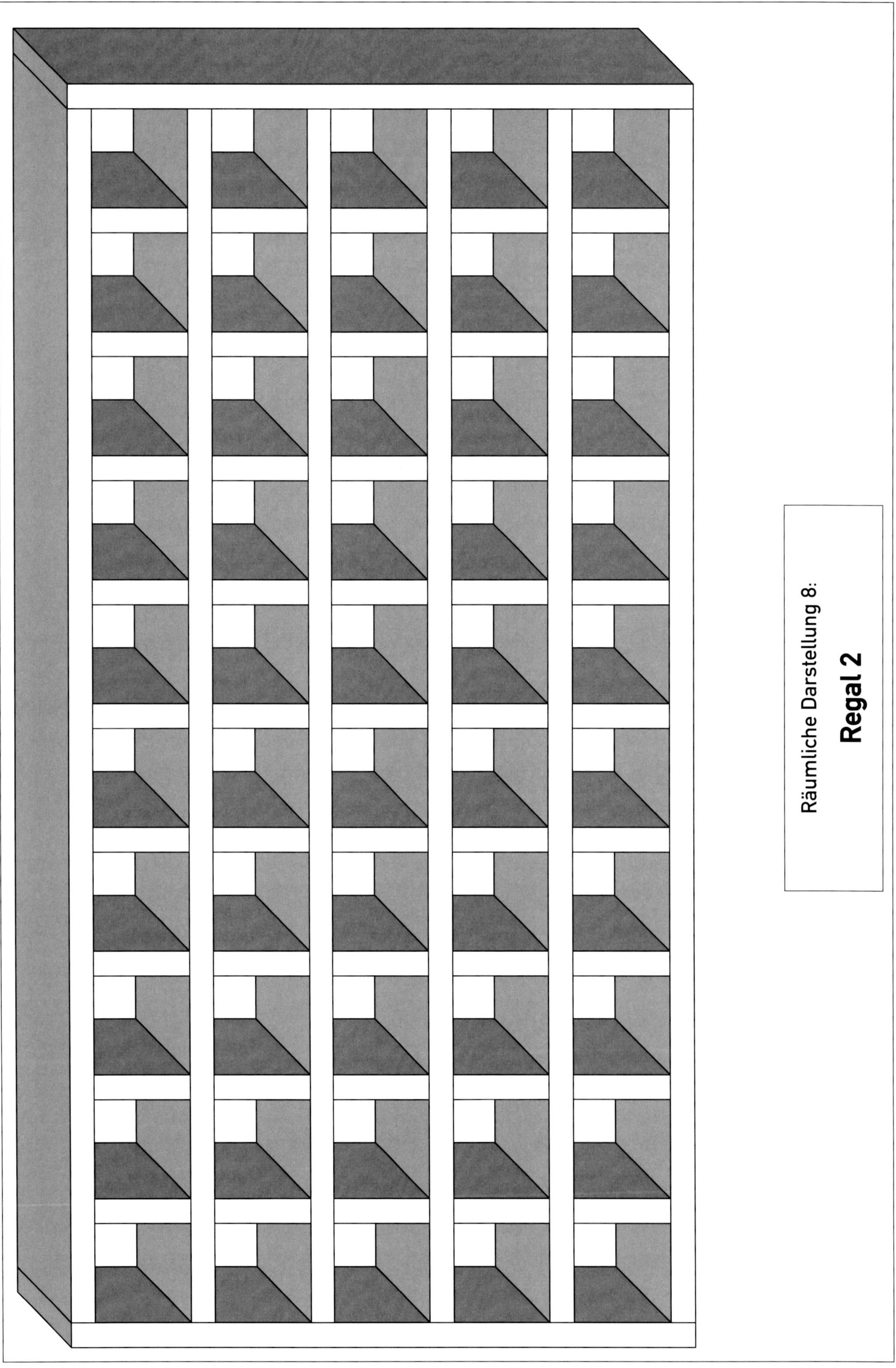
Räumliche Darstellung 8:
Regal 2

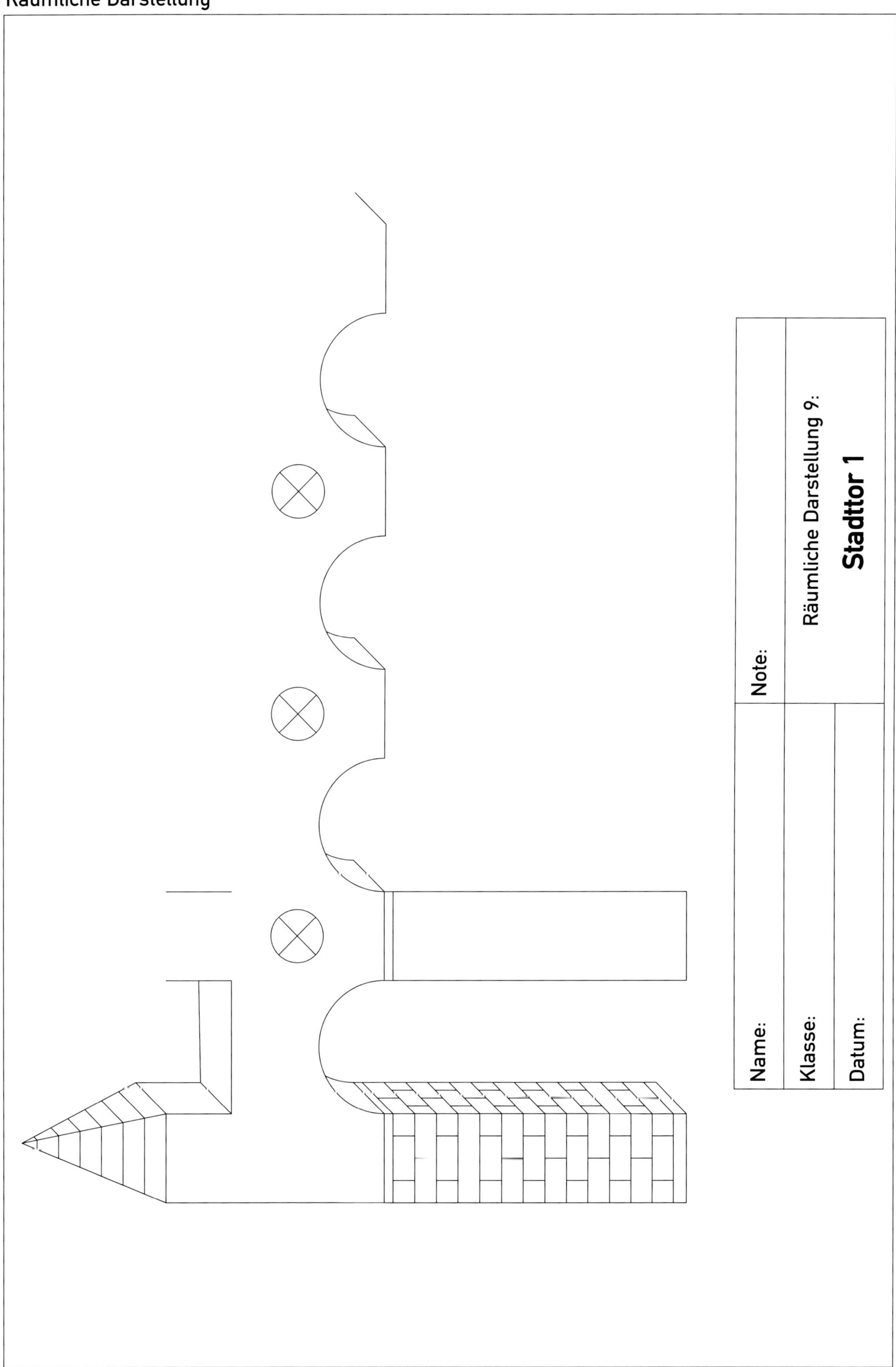
Name:
Klasse:
Datum:
Note:
Räumliche Darstellung 9:
Stadttor 1

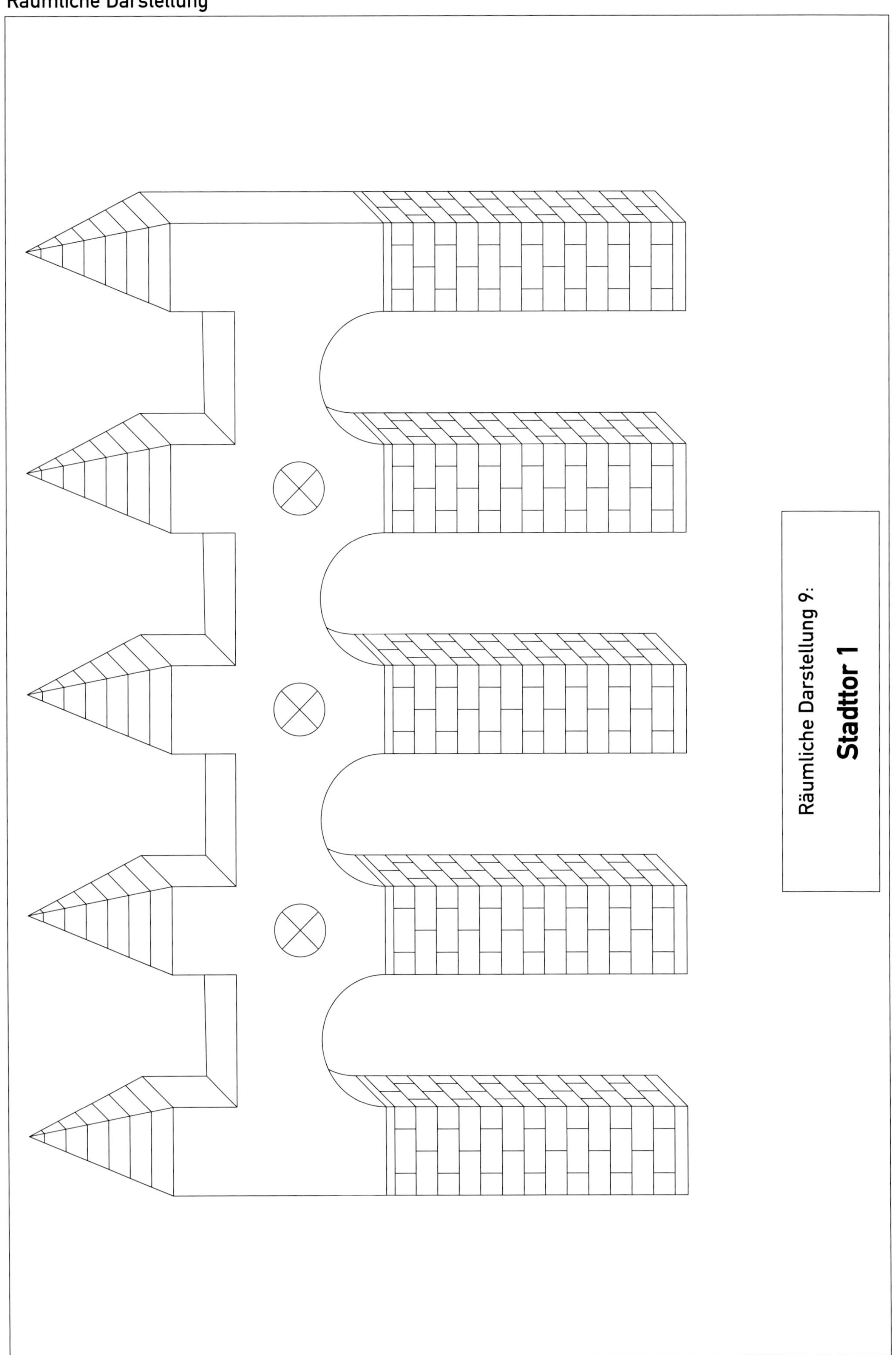
Räumliche Darstellung 9:
Stadttor 1

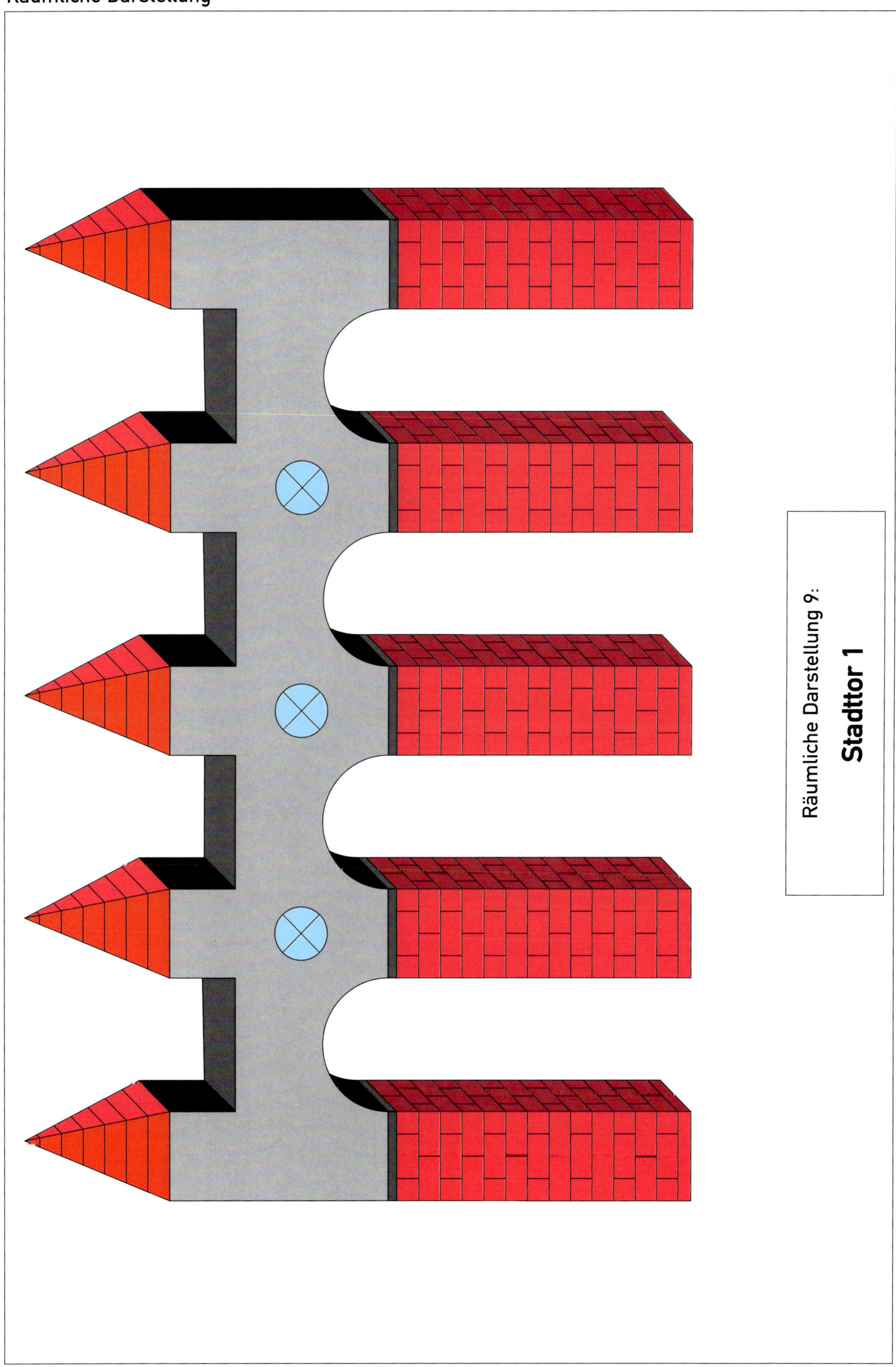
Räumliche Darstellung 9:
Stadttor 1

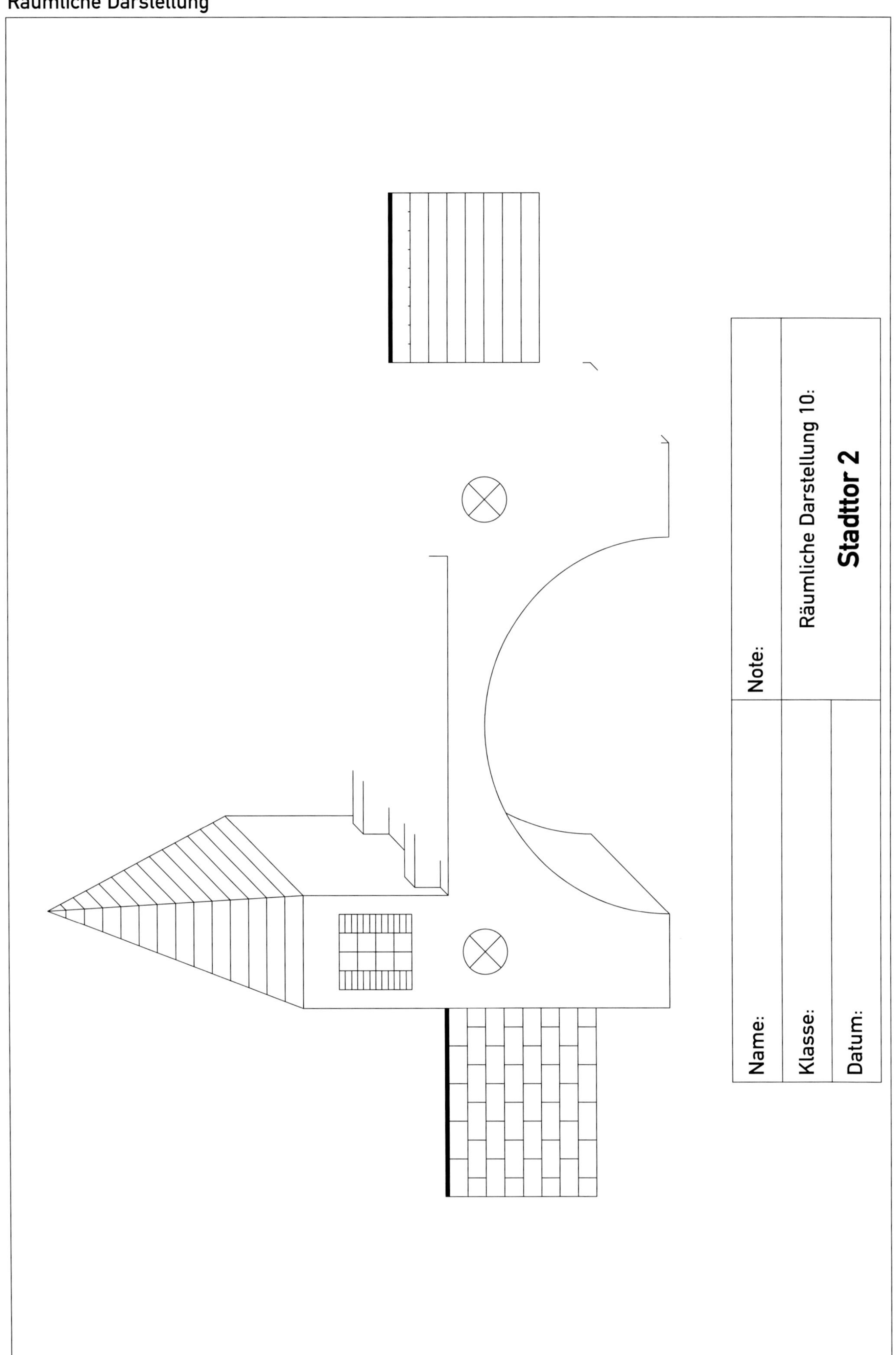
Name:
Klasse:
Datum:
Note:
Räumliche Darstellung 10:
Stadttor 2

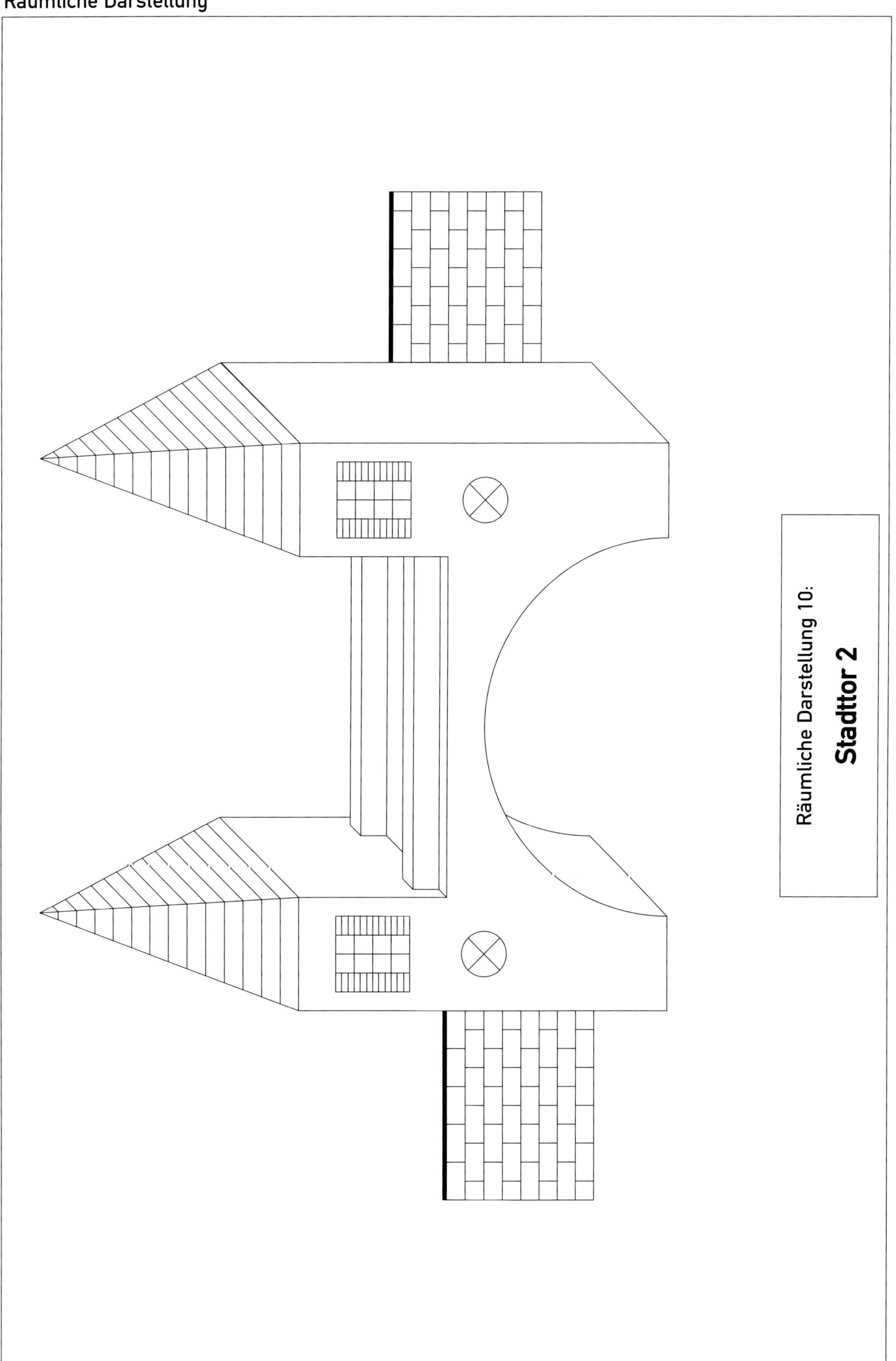
Räumliche Darstellung 10:
Stadttor 2

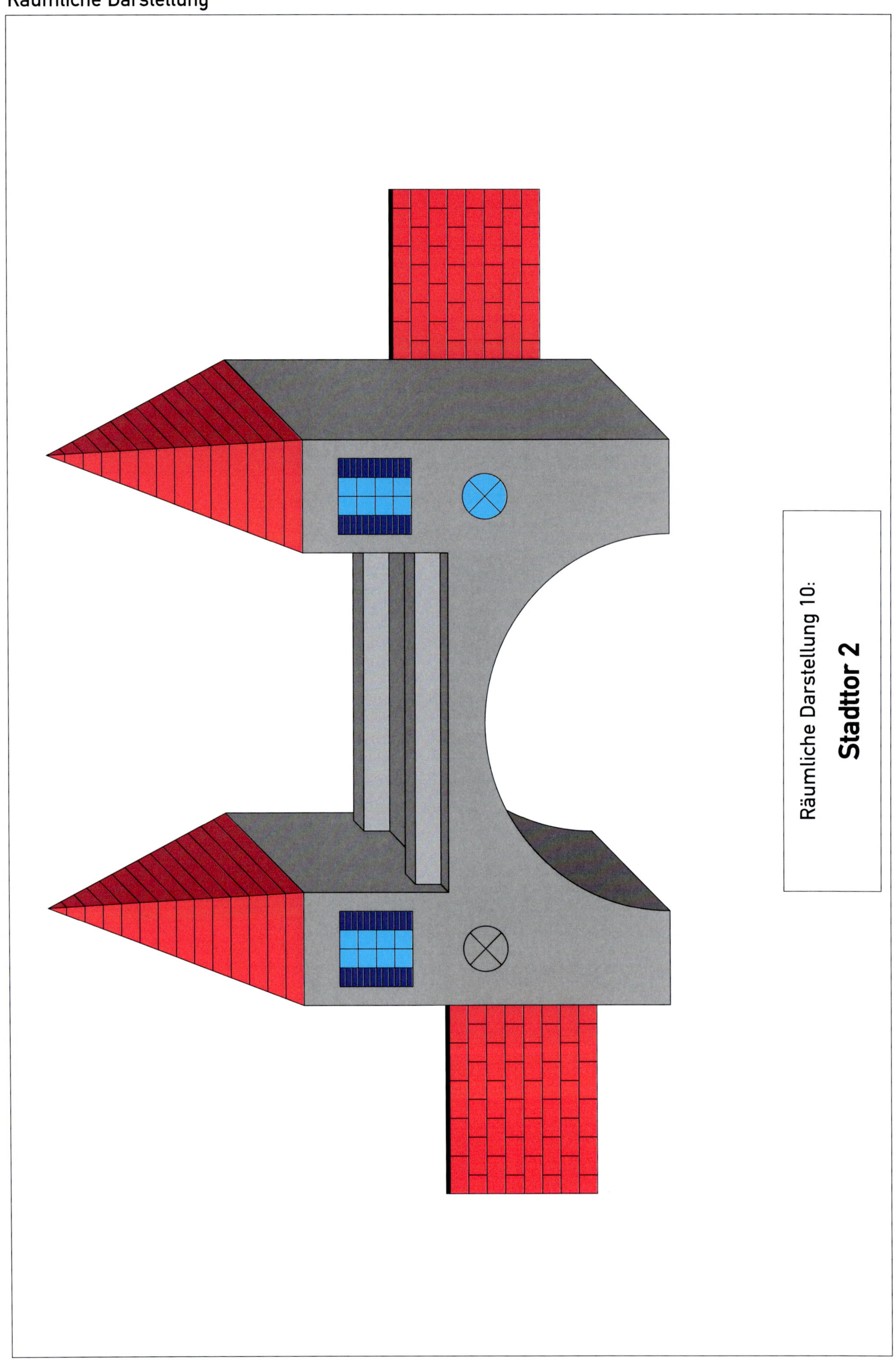
Räumliche Darstellung 10:
Stadttor 2

Name:	Note:
Klasse:	Räumliche Darstellung 11: **Turm**
Datum:	

Räumliche Darstellung 11:

Turm

Räumliche Darstellung 11:
Turm

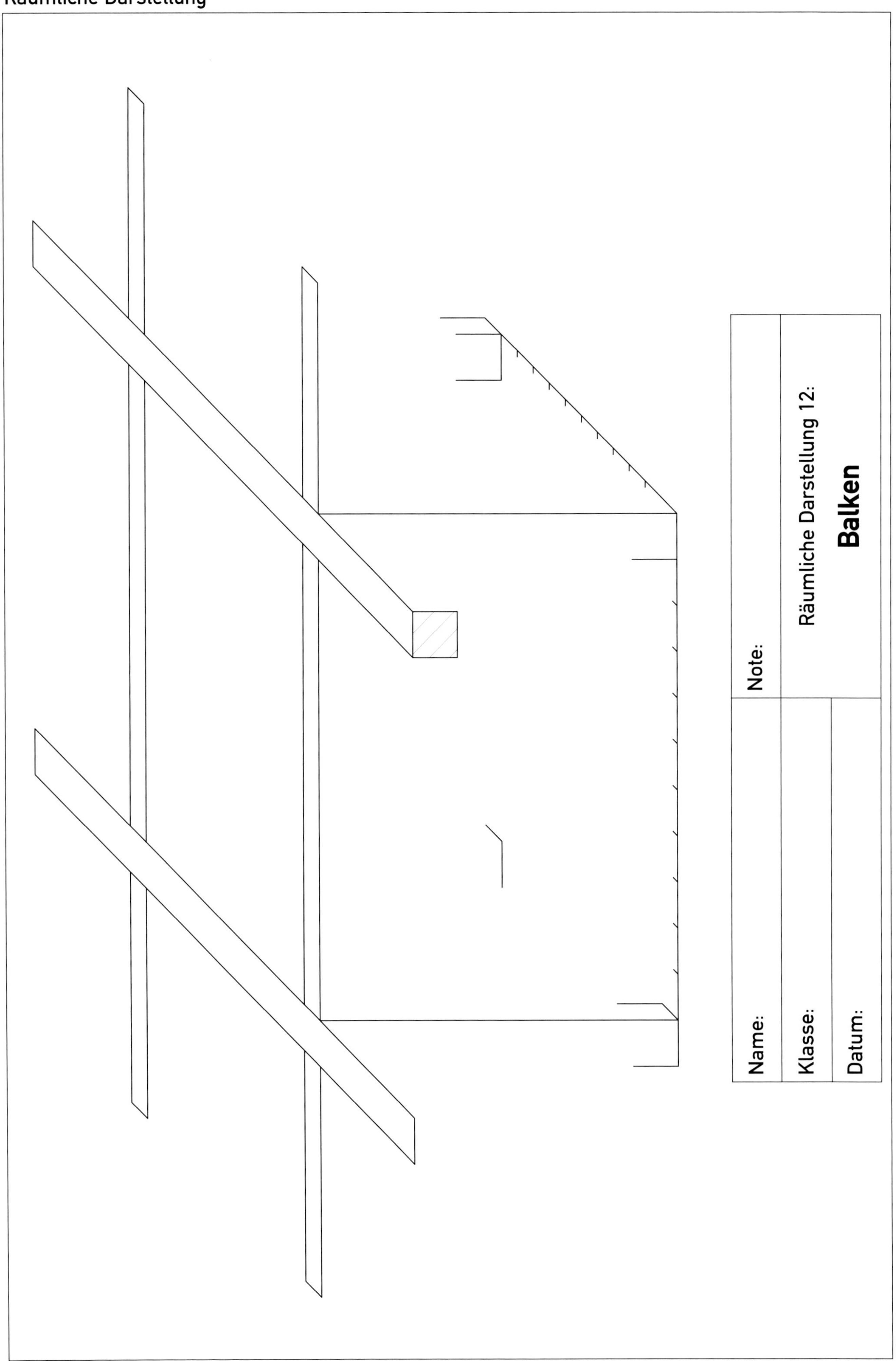
Name:
Klasse:
Datum:
Note:
Räumliche Darstellung 12:
Balken

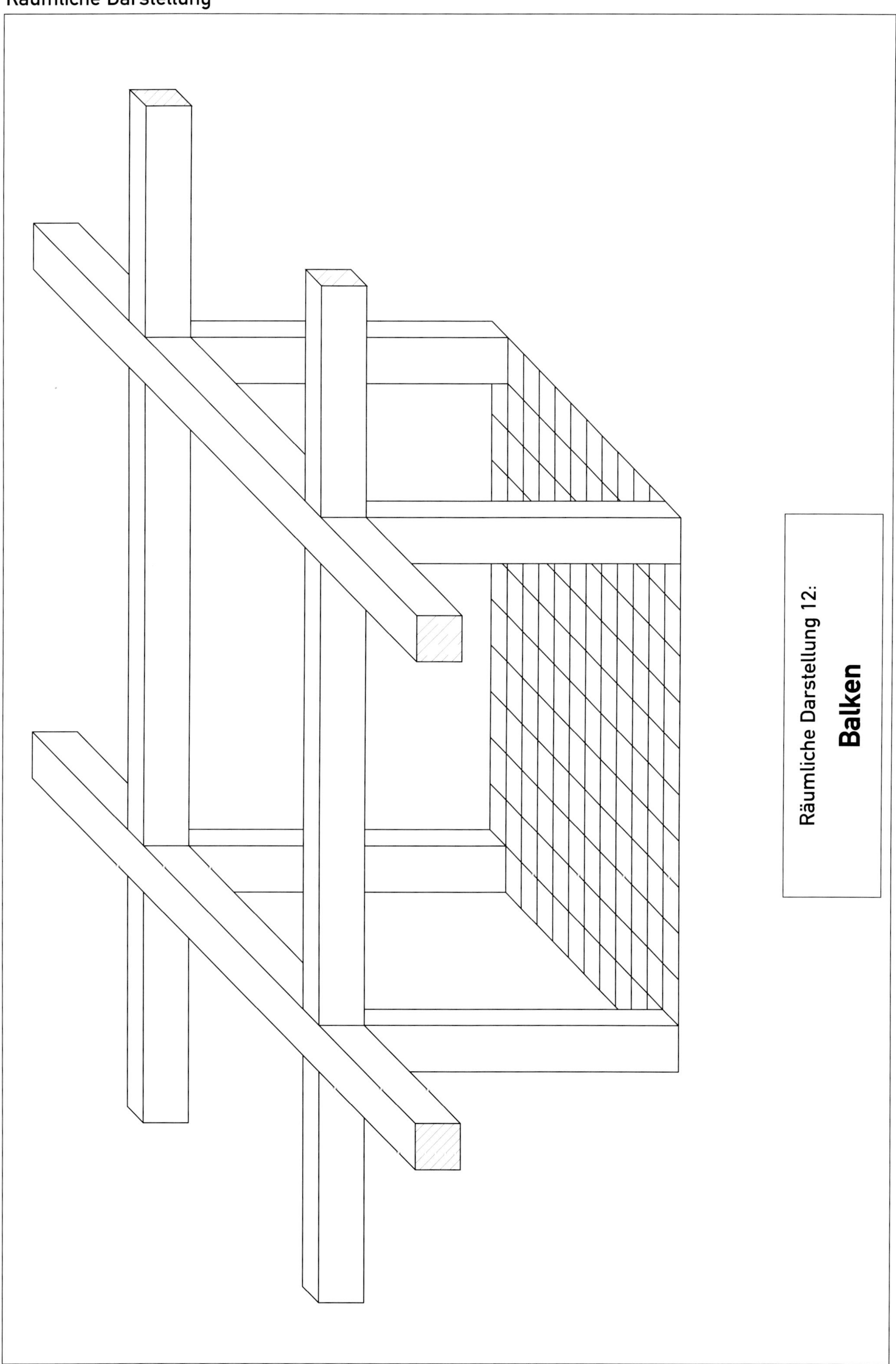
Räumliche Darstellung 12:
Balken

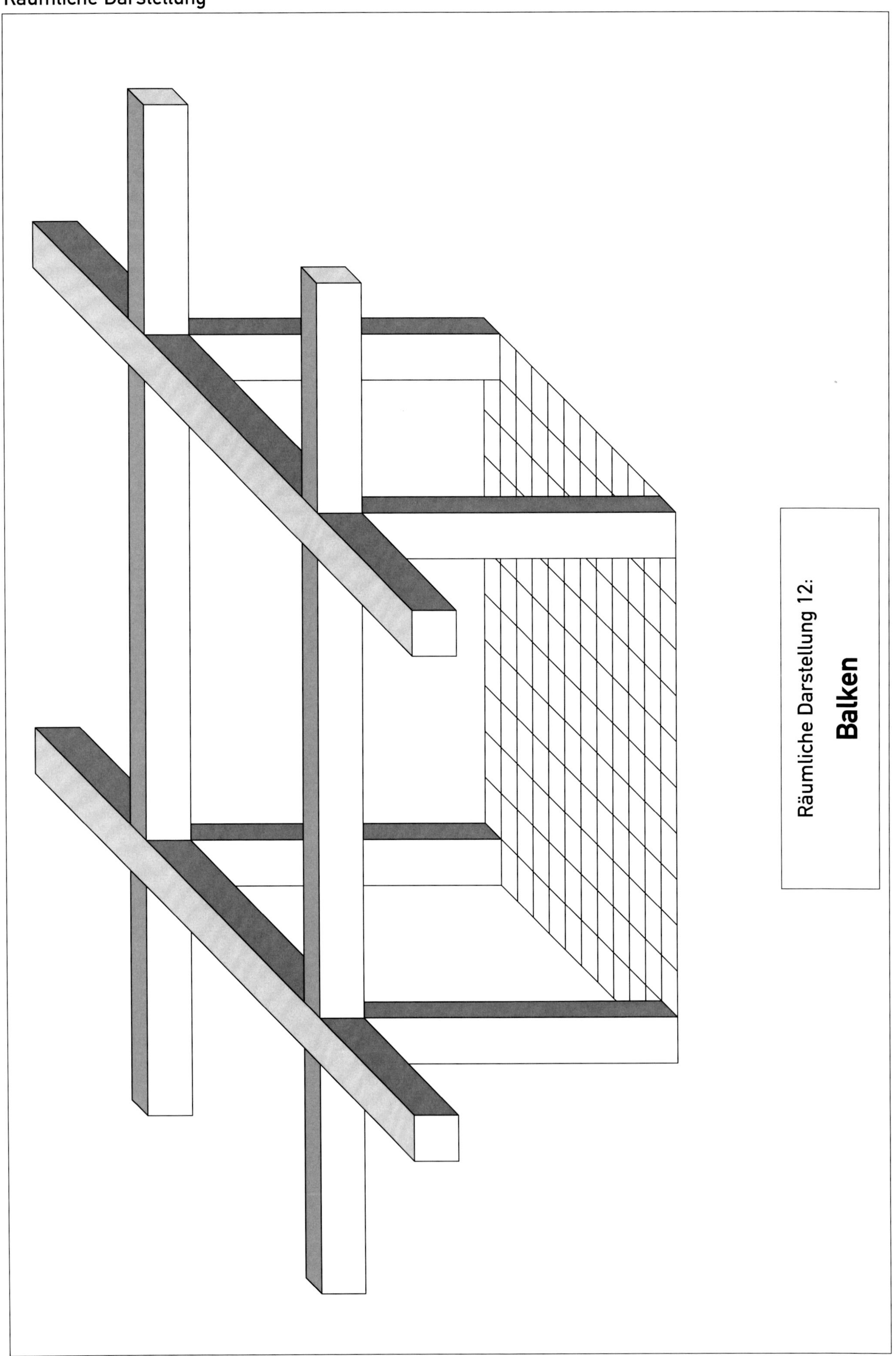
Räumliche Darstellung 12:
Balken

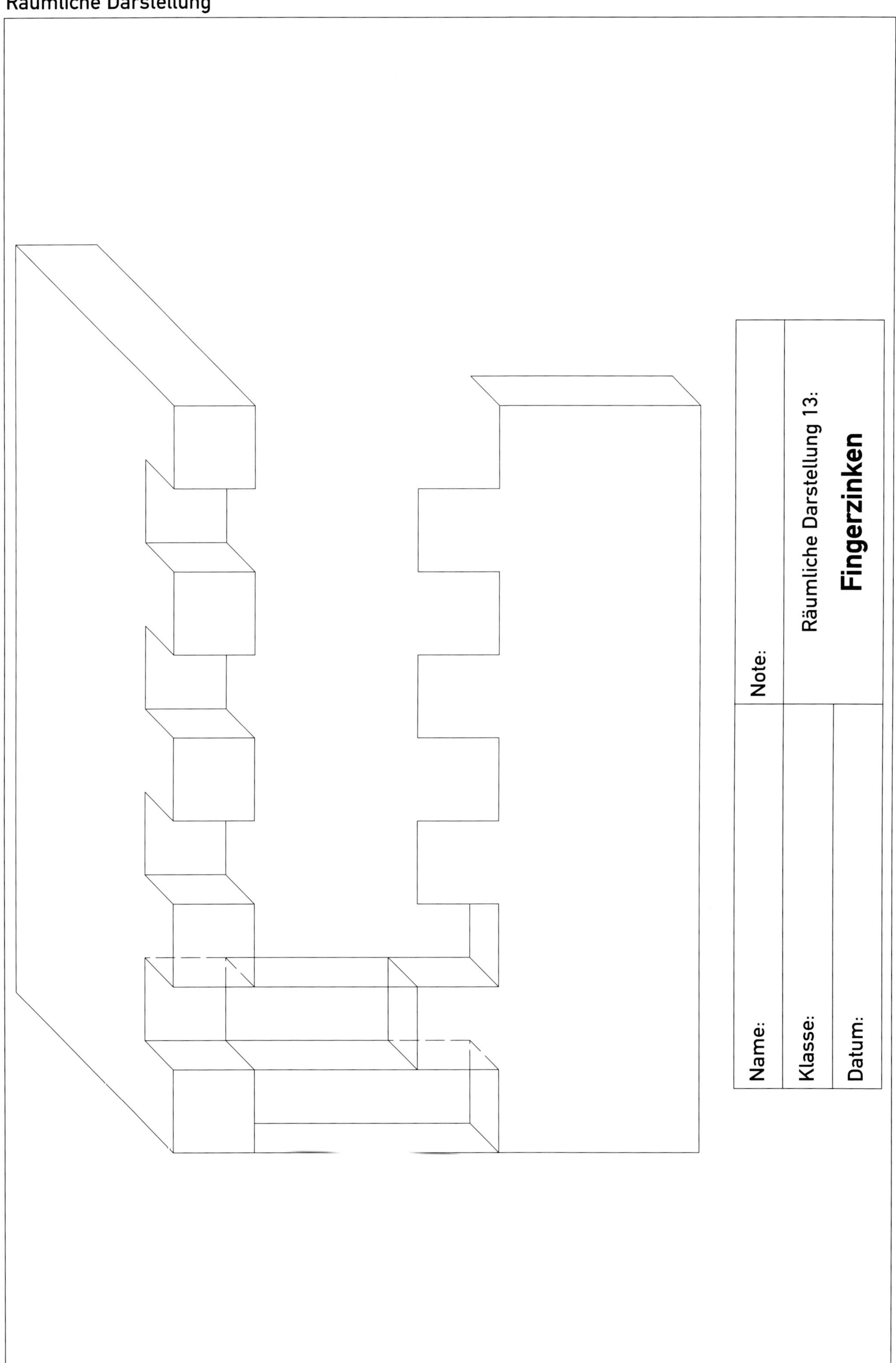
Räumliche Darstellung 13:
Fingerzinken
Note:
Name:
Klasse:
Datum:

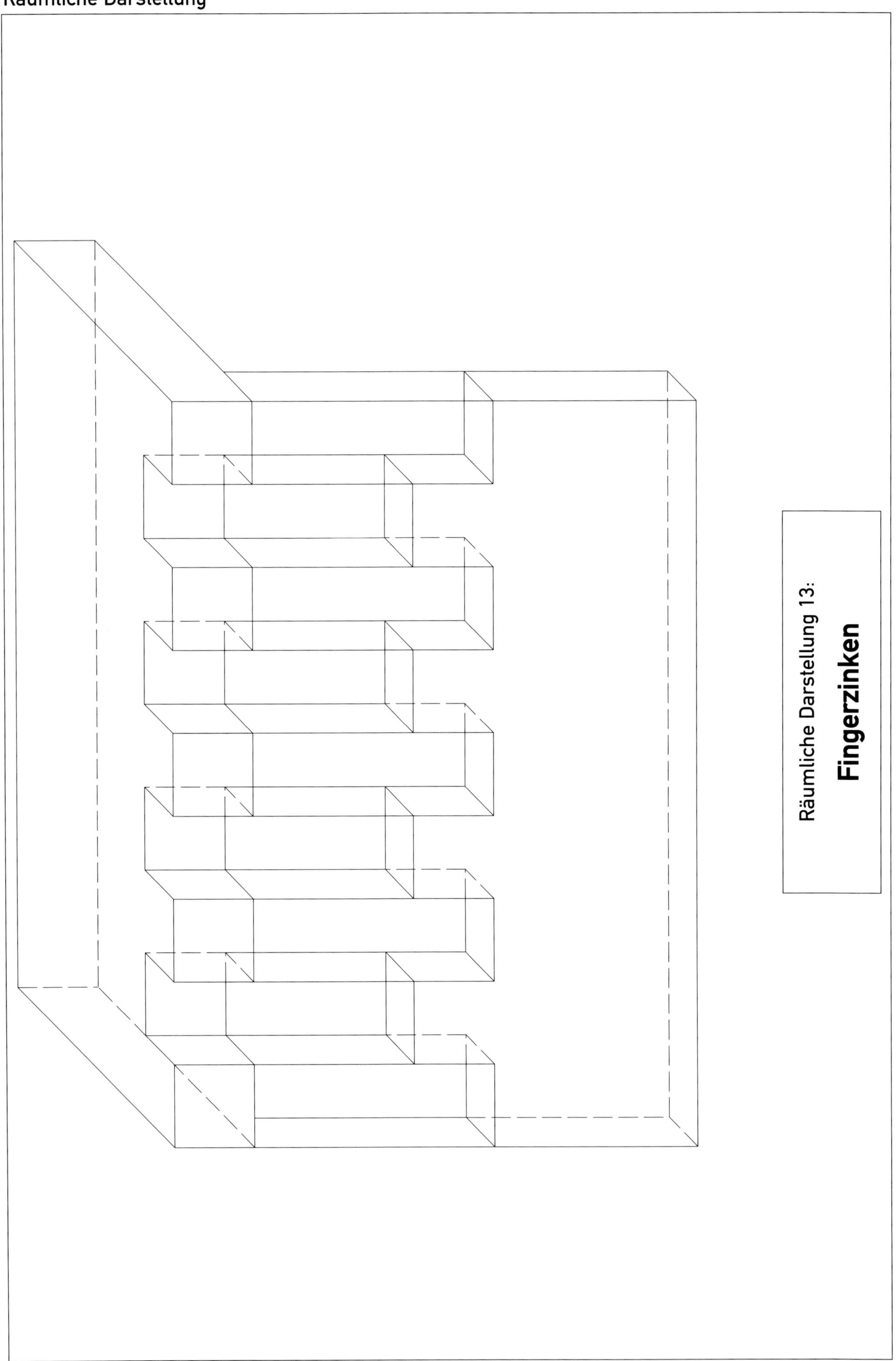
Räumliche Darstellung 13:
Fingerzinken

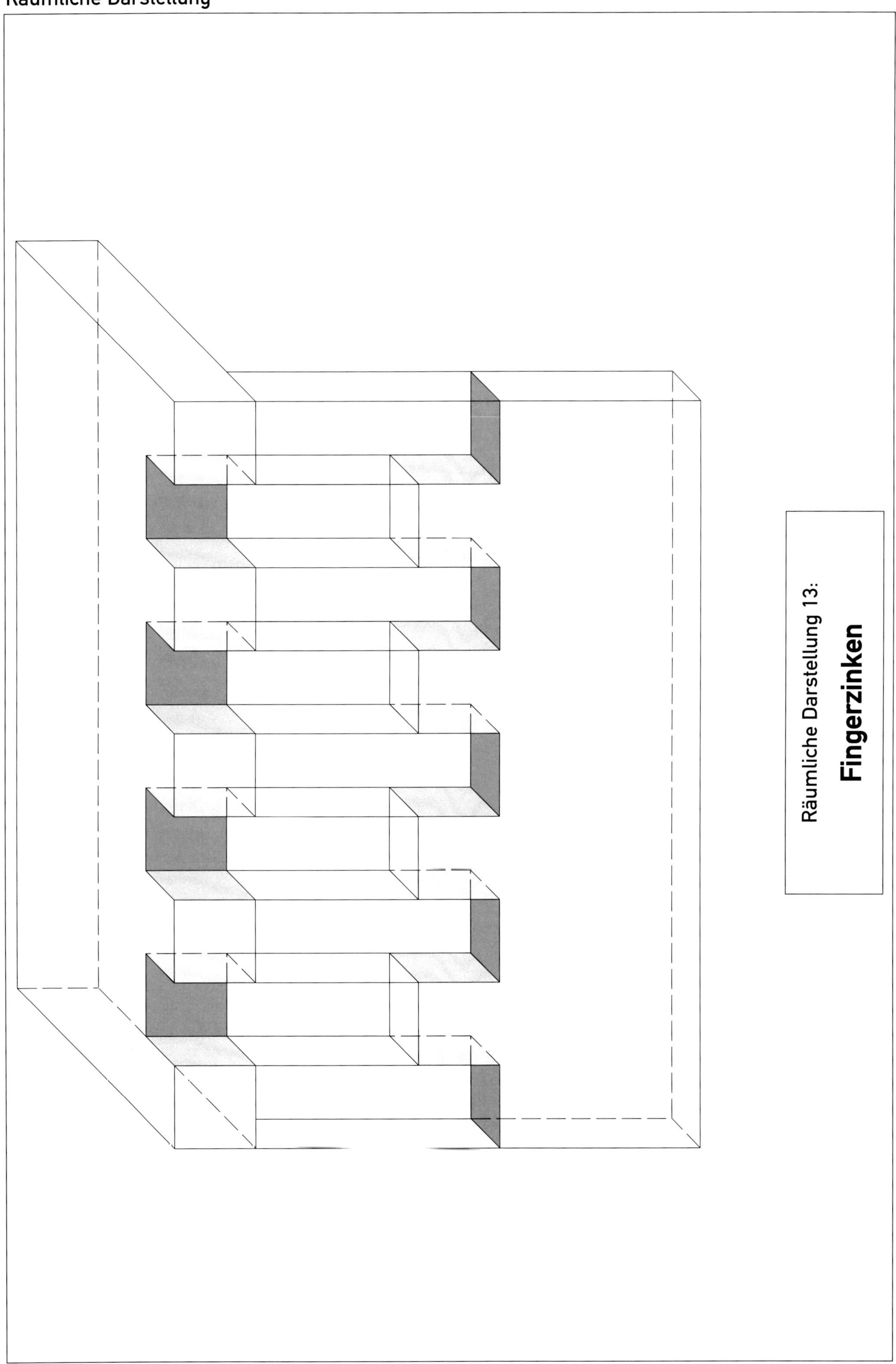
Räumliche Darstellung 13:
Fingerzinken

Name:	Note:
Klasse:	Räumliche Darstellung 14:
Datum:	**Verdeckte Kanten**

Räumliche Darstellung 14:

Verdeckte Kanten

Name:	Note:
Klasse:	Räumliche Darstellung 15:
Datum:	**Würfelübung**

Räumliche Darstellung 15:

Würfelübung

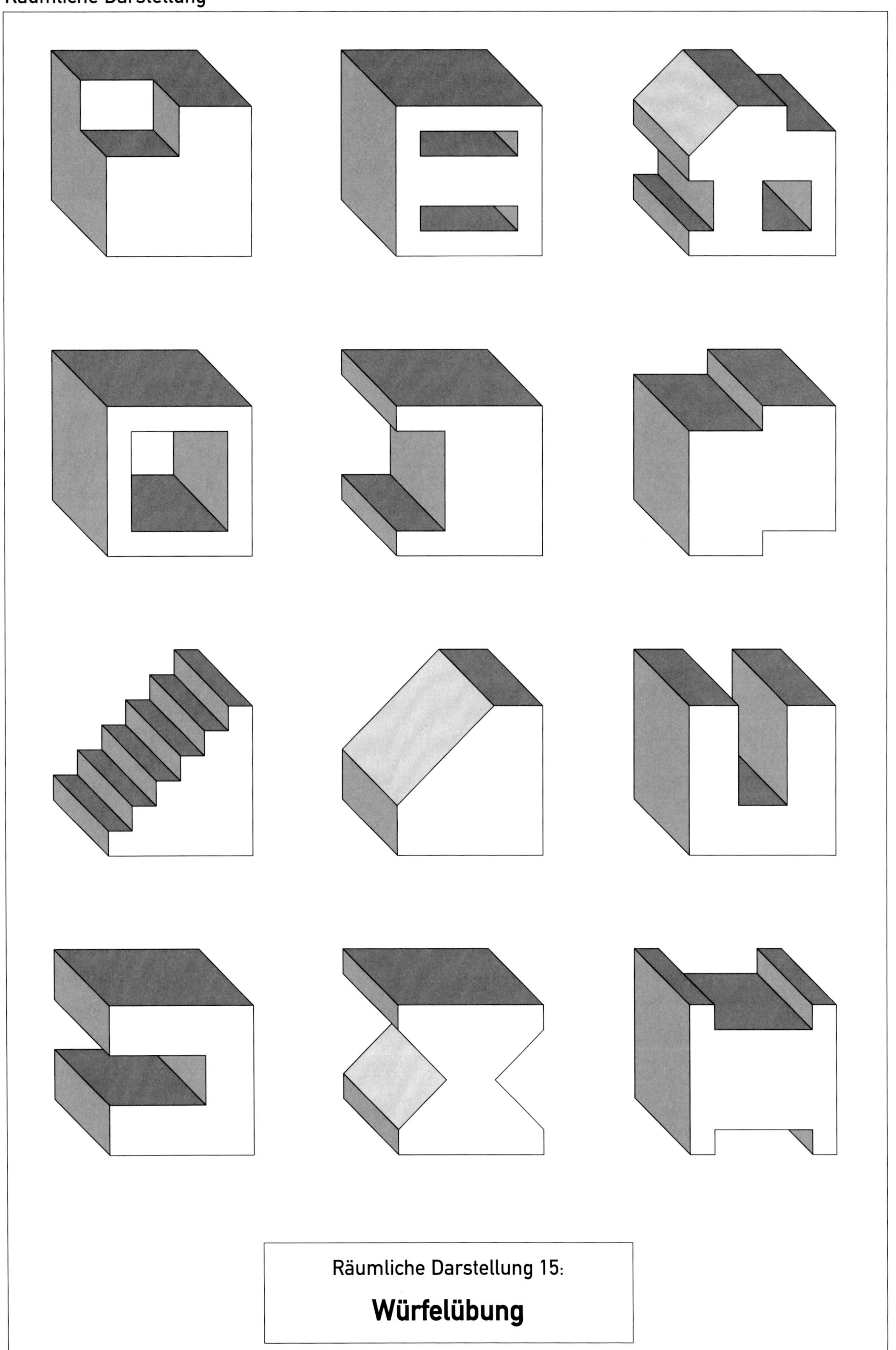

Räumliche Darstellung 15:

Würfelübung

Name:	Note:
Klasse:	Räumliche Darstellung 16: **Buchstaben**
Datum:	

Räumliche Darstellung 16:

Buchstaben

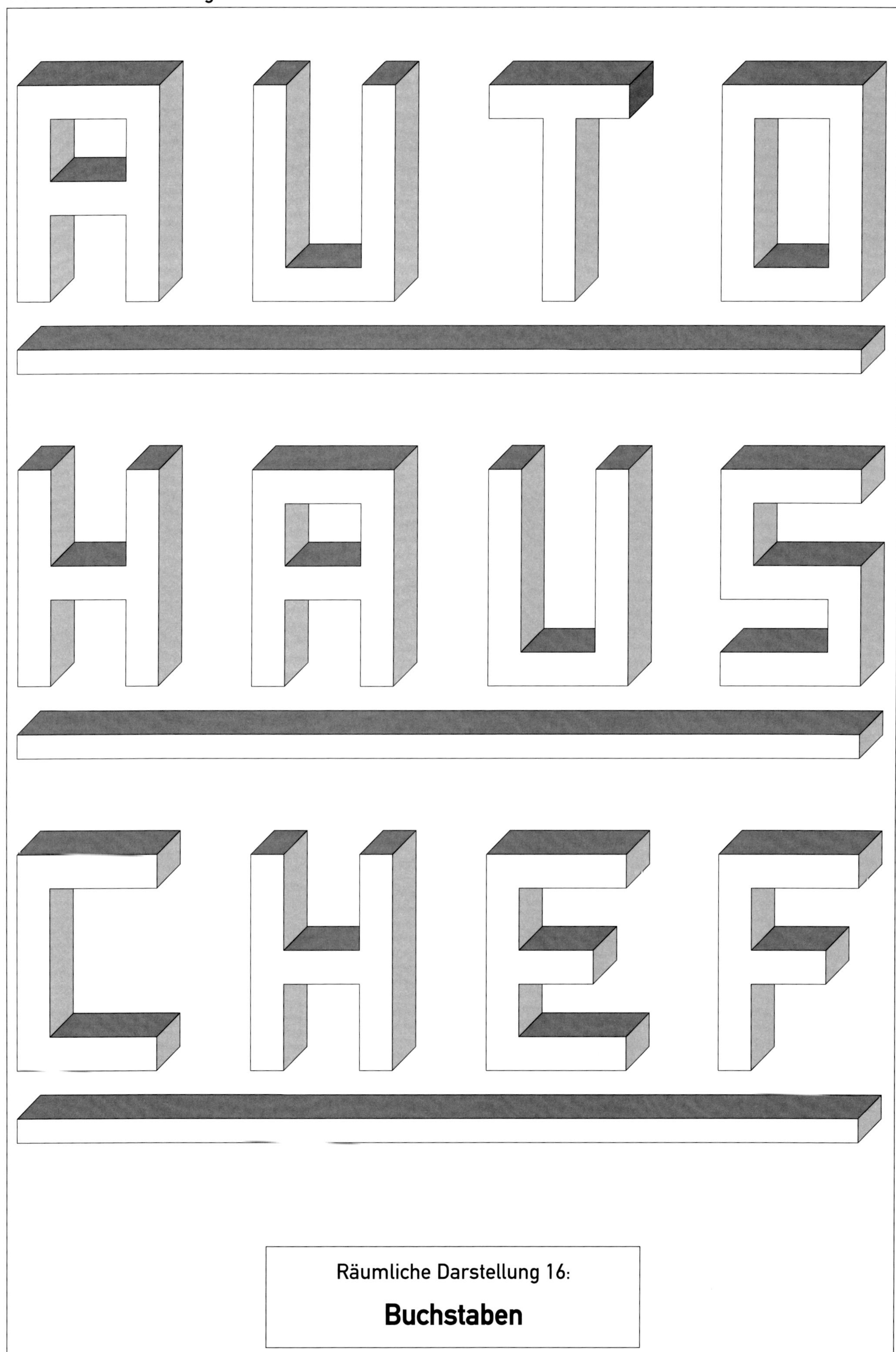

Räumliche Darstellung 16:

Buchstaben

Name:	Note:
Klasse:	Räumliche Darstellung 17:
Datum:	**Zahlen**

Räumliche Darstellung 17:

Zahlen

Räumliche Darstellung 17:
Zahlen